U0184439

农村建筑工匠培训示范教材

周铁钢　编著

中国建筑工业出版社

图书在版编目（CIP）数据

农村建筑工匠培训示范教材 / 周铁钢编著. —北京：
中国建筑工业出版社，2019.11（2024.5重印）

ISBN 978-7-112-24349-5

Ⅰ.①农… Ⅱ.①周… Ⅲ.①农村住宅—建筑工程—
工程施工—教材 Ⅳ.①TU241.4

中国版本图书馆 CIP 数据核字（2019）第 224334 号

　　农房建设是社会主义新农村建设的重要内容，是提升农村人居环境质量，提高农民生活水平最主要的环节。为加强农村建筑工匠培训指导，本书编写组组织编写了本教材。本书内容共9章，包括：第 1 章 绪论、第 2 章 农房建造基本知识、第 3 章 村庄规划与农房设计原则、第 4 章 农房建筑材料及要求、第 5 章 建筑识图、第 6 章 农房地基与基础、第 7 章 农房构造与抗震、第 8 章 建筑施工、第 9 章 农房施工安全常识，浅显易懂、图文并茂，既可以作为农村建筑工匠的培训教材，也可作为村镇建筑工程技术管理人员的参考用书。示范教材的推广应用，将有助于促进和规范农村建筑工匠培训，提升农村建筑工匠的整体素质，从而为提高农房建设质量作出贡献。

　　　　责任编辑：范业庶　王华月　杨　杰
　　　　责任校对：赵　菲

农村建筑工匠培训示范教材
周铁钢　编著
＊
中国建筑工业出版社出版、发行（北京海淀三里河路9号）
各地新华书店、建筑书店经销
北京光大印艺文化发展有限公司制版
北京市密东印刷有限公司印刷
＊
开本：880毫米×1230毫米　1/32　印张：10　字数：278千字
2020年1月第一版　2024年5月第七次印刷
定价：28.00元
ISBN 978-7-112-24349-5
　　（34727）

前　言

　　农房，是广大农村居民安身之所。有房住、住得好，是所有家庭的梦想。新中国成立 70 年来，数亿农民通过自筹资金、自主修建、政府帮扶等方式基本实现了"住有所居"的目标。尤其是 2009 年起开展的全国农村危房改造工作，10 多年来成果显著，数千万贫困农民告别原来的破旧危房，住上了安全房、放心房。农房建设的快速发展对于拉动内需、吸纳就业、增加农民工收入、推进全面建设小康社会等方面发挥了重要作用。

　　十九大提出的乡村振兴战略，是党中央顺应亿万农民对美好生活的向往，对新时代"三农"工作作出的重大决策部署。"产业兴旺、生态宜居、乡风文明、治理有效、生活富裕"二十字方针，为新时代农村农业改革与发展指明了方向。其中"生态宜居"对今后农村建设提出了更高要求，农房建设也将从粗放式自主建设、满足基本居住条件逐步过渡到政府统一规划、实现安全宜居目标的新阶段。随着农村环境的不断改善，大量返乡群众将掀起新一轮建房高潮。

　　农村建筑工匠是农村建设的主力军，在农村建房全过程中扮演着举足轻重的角色，左右农房户型布局和材料选择，决定农房结构形式、施工技术与工程质量。工匠的技艺水平与敬业程度是影响农房质量的重要因素，"严把工匠关"是保证农房建设质量的关键。但是，目前国内农村建筑工匠素质参差不齐，水平较好的大多远足他乡或在城市谋生，活跃在农村建筑市场的还是那些"放下镰刀，拿起瓦刀"的"游击队"，缺乏必要的培训，整体水平低，人员数量严重不足，与当前农房建设的需求不相适应。

本培训教材的编写，正是为了适应新时期农房建设的需要。期望通过本教材的培训学习，对提高农村建筑工匠整体素质与职业水平、提升农村建房安全宜居性能有所帮助。教材重点讲述普通农房的建筑基本常识、农房设计原则、建材使用要求、地基处理、农房构造与抗震、建筑施工等知识，浅显易懂、图文并茂，既可以作为农村建筑工匠的培训教材，也可供基层村镇建设技术管理人员参考。

二〇一九年九月

目录
Contents

第 1 章

绪　论

1.1　农村建筑工匠培训的意义

农村建筑工匠是指以经营为目的，具备一定文化水平与从业经验，独立或者合伙承包规定范围内的村镇建设工程的个人。农村建筑工匠应掌握普通农房建造的施工工艺，熟悉当地农房的建筑构造与结构特点，了解农房建造的一般程序与规定。

农村建筑工匠作为农村建设的生力军，在农村建房过程中扮演着举足轻重的角色。目前，由于我国现有法律法规未将农村建房纳入有效监管范围，农户自建住房的施工过程与政府没有关系，农户建房时户型布局建议、材料选择、结构形式、施工技术与质量把关基本来源于农村工匠，工匠的技艺水平与敬业程度是影响农房质量的最大因素，因此农房建设要严把工匠关。目前国内各地农村工匠人员素质参差不齐，水平较好的大多远足他乡或在城市谋生，活跃在农村建筑市场的还是那些"放下镰刀，拿起瓦刀"的"游击队"，加之培训机制尚不健全，工匠整体水平低下，人员数量严重不足，与当前农村建设不相适应。

鉴于农村建设对建筑工匠的迫切需求以及改善农村就业环境的要求，近年来国家出台了一系列政策大力倡导对农村建筑工匠的培训工作。2009年2月，《国务院关于做好当前经济形势下就业工作的通知》（国发[2009]4号）指出，要"结合社会主义新农村建设，加大农村基础设施建设、农房建设和危房改造力度，拓展农村劳动力就地就近就业空间。最大限度拓展农村劳动力就业渠道"，要"加强农村职业教育和农村劳动力就业能力培训，培育一批掌握一定技能的村镇建筑工匠"。2010年中央1号文件《关于加大统筹城乡发展力度，进一步夯实农业农村发展基础的若干意见》明确指出，应加快改善农村民生，缩小城乡发展差距，把支持农民建房作为扩大内需的重大举措，鼓励农民依法依规建设自用住房；积极开展农民务工技能培训，整合培训资源，规范培训工作，完善创业带动就业的政策措施，将农民工返乡创业和农民就地就近创业纳入政策扶持范围。2010 年 9 月，国务院文件《关于进一步加强防震减灾工作的意见》中再次强调，应"加强农村建筑工匠的培训，建立技术服务网络，普及建筑抗震知识。"

十九大提出实施乡村振兴战略，是党中央顺应亿万农民对美好生活的向往，对新时代"三农"工作作出的重大决策部署。乡村振兴战略提出的"产业兴旺、生态宜居、乡风文明、治理有效、生活富裕"总要求，为新时代农业农村改革发展明确了重点、指明了方向。其中，"生态宜居"就是要牢固树立绿水青山就是金山银山的理念，坚持尊重自然、顺应自然、保护自然，统筹山水林田湖草系统治理，加快转变生产生活方式，推动乡村生态振兴，建设生活环境整洁优美、生态系统稳定健康、人与自然和谐共生的生态宜居美丽乡村。因此，乡村振兴为农村建筑工匠提供了广阔空间，工匠师傅们在农村这片天地里是大有可为的。

综上，农村建筑工匠培训工作的意义在于以下几个方面：

一是乡村振兴的需要。随着"生态宜居"作为农村建设目标的提出，各地农村建设逐渐步入法制化、标准化、规范化轨道。乡村振兴不但要求建筑工匠掌握常规建筑技能、建筑基本知识，还要求学习、了解和掌握新型生态建材、生态建造技术、防震减灾技术、建筑节能技术、村镇规划和环境整治等多方面的内容。

二是确保农房建设质量安全的需要。当前，我国农村正处于快速发展时期，富裕起来的农民朋友建房热情不断高涨，但农村人才技术相对薄弱，不仅影响了农房的建设质量，还制约了新农村建设的发展进程。因此，只有通过有组织、有计划的培训工作，提高农村个体工匠的建筑基础理论知识、操作技能、安全文明施工等综合素质，既而提高整个农村建筑队伍的施工管理能力和水平，才能缓解农村建筑工匠严重不足的矛盾，确保农房建设质量。

三是农房建设长远发展的需要。一方面，大量农村青壮年渴望学习建筑知识，掌握一技之长，为今后从业创造条件；另一方面，具有一定技能水平的农村建筑从业人员需要接受继续教育，进行知识更新，学习掌握更多的农房建设新理论、新材料、新技术、新标准、新方法和新工艺，丰富和提高建筑工匠自身综合素质；其次，部分农村建房户也需要了解一些农房建设基础知识，以便在农房建设中参与成本核算和质量管理。

四是规范村镇建设程序的需要。通过有组织、有计划地实施农村建筑工匠培训，积极引导和培育农村建筑市场，逐步建立健全持证上岗和市场准入制度，为规范村镇建设程序打好基础，为逐步培育和规范农村建筑市场提供制度、技术与人才保障。

1.2 农村建筑工匠基本要求

1.2.1 职责与作用

一是对农户建房提供咨询与建议。如建房选址、建筑布局、结构形式、成本预算等。

二是承揽农房建设工程。按合同约定内容组织施工，确保农房建设质量。

三是农村建房示范引领与带头作用。带头采用规范方法及科学合理的施工工艺，带头执行安全质量技术标准，带头采用抗震构造措施与建筑节能技术等，为当地群众建房起到示范引领作用。

四是言传身教作用。在实践中向身边的徒弟和群众传授所学技能与建筑知识，形成学习了解建筑技能的良好氛围，将科学知识向周边推广扩散。

1.2.2 四个意识

一是遵纪守规意识。农村建筑从业人员，必须自觉遵守国家的法律法规，自觉执行建筑行业的规范和标准，自觉抵制建筑行业的违法违规行为，做遵纪守法的模范。

二是诚实守信意识。农村建筑从业人员要加强职业道德修养，自觉信守合同，讲求信誉，凡纳入合同条款由工匠负责的内容，必须自觉履行合同，主动地承担相应责任，让户主满意。

三是以人为本意识。农村建筑从业人员应确立为广大农民朋友服务的思想，与户主主动沟通，和谐相处，多为户主的利益着想，主动为户主提出合理化建议，进行成本核算，避免不必要的浪费，及时化解矛盾纠纷。

四是质量安全意识。农村工匠从业人员必须牢固树立"安全第一，质量第一"的思想，采取有效质量安全措施，确保施工质量，确保不出安全事故。

1.2.3　三大能力

一是具备基本的农房建筑知识与熟练的农房建筑施工技能。常言道，"没有金刚钻，不揽瓷器活"，"工欲善其事，必先利其器"，过硬的技术技能是农村工匠的立身之本，是确保工程质量与赢得户主信任的首要条件。

二是具备较强的组织、管理和协调能力。承揽农房工程的工匠实际上就是该工程的项目经理，要对现场人员分工、施工组织、施工安全等进行合理的安排和管理，及时发现问题，妥善进行处理，确保工程施工的顺利进行。

三是承担风险能力。农村新房建屋是农民朋友一生中的大事之一，有的家庭几乎是倾其所有，加之参加建房的民工大多都是家庭中的顶梁柱，一旦施工出了安全质量问题或发生人身伤亡事故，犹如受到灭顶之灾。因此，承揽农房建筑工程的工匠除应加强施工质量安全管理、健全人身财产保险等抗御各种风险的措施外，还应具备承担一定风险的经济实力，一旦遇有不测，尽可能及时化解矛盾并将损失降到最低程度。

1.3　农村建筑工匠知识、技能体系

通过课堂学习，农村建筑工匠应了解农房建造的基本常识与相关专业知识；通过现场实践，农村建筑工匠应掌握一定的农房建造基本技能与使用工艺。全面掌握知识体系与技能体系，才能符合新时代农村建筑工匠的基本要求。

1.3.1　农村建筑工匠知识体系

（1）农房建造常识

1）农房建设一般程序

①了解当地农村宅基地用地标准；

②了解自建房如何申请宅基地；

③了解宅基地的审批程序。

2）农房建设应遵守的法律法规

①了解国家法律法规及针对农村
建房的主要条文；

②了解地方法律法规及针对当地农村建房的规定、要求；

③懂得农村宅基地、自留地、承包地的所有权、使用权归属问题；

④了解非法占用土地建房的行为、性质与后果。

3）普通农房的建造原则

①了解什么是方便、适用原则；

②懂得如何做到节约、经济原则；

③了解什么是安全、耐久原则；

④懂得什么是美观、宜居原则；

⑤了解什么是环保、生态原则。

4）农房选址与规划

①懂得什么是有利地段；

②懂得什么是不利地段；

③懂得什么是危险地段；

④了解农房与高压线的安全间距。

5）农房地基基础

①熟悉当地农房常见地基处理方法；

②了解农房常见基础形式与做法。

6）农房主要建筑结构形式

①熟悉常见农房的开间、进深及层高尺寸要求；

②熟悉当地农房的建筑形式与风格；

③熟悉当地农房的主要结构形式与基本构造做法；

④熟悉当地农房地面、楼面、屋面的基本做法。

7）农房主要建筑材料

①了解砖块、砌块的质量要求；

②了解水泥砂浆、混合砂浆的作用与基本要求；

③熟悉常用木材的基本性质及树种的识别方法；

④了解木材的干燥、防腐做法；

⑤了解混凝土拌制的基本要求；

⑥了解常用水泥的种类、质量要求与保管方法；

⑦了解空心预制板的基本要求。

8）施工管理与工程造价控制

①熟悉合理安排施工工序与缩短建房工期的方法与措施；

②熟悉农房施工承包合同的草拟、协商与确立方法；

③了解农房施工过程中的基本安全要求与防护措施；

④懂得砖混结构农房砖块、砂石、水泥、钢筋、木材等主要材料用量的估算办法；

⑤了解主要建筑材料的市场平均价格与浮动情况；

⑥熟悉当地大工、小工的平均工作效率；

⑦熟悉当地不同工种、不同技术水平的人工日工资标准；

⑧熟悉农房工程造价控制的基本知识。

（2）建筑识图与制图

1）建筑识图

①掌握一般农房设计图的比例、定位轴线、标高、尺寸标注等基础知识；

②了解常用建筑材料的图例方法；

③了解一般构件、配件的图例方法；

④了解常用构件代号或编号方法；

⑤熟悉通过详图索引查找相应构造图集的方法；

⑥熟悉一般农房设计施工图的分类及作用；

⑦掌握现浇板板底钢筋、板面钢筋、架立钢筋的表示方法；

⑧掌握混凝土梁、柱纵向受力钢筋与箍筋的表示方法；

⑨熟悉常用材料强度指标的表示方法；

⑩熟悉电气照明、室内给排水设计的基本图示方法。

2）建筑制图

①掌握简单手绘制图工具的使用方法；

②掌握绘制单线条农房建筑方案图的方法。

（3）各工种专业知识

1）砌筑工、抹灰工

①熟悉烧结黏土砖的不同强度等级与最低强度要求；

②了解常用建筑砌块的材料组成、规格及强度指标；

③掌握常用砌筑砂浆（水泥砂浆、混合砂浆、石灰砂浆、防水砂浆、嵌缝砂浆）的使用条件、配合比及强度指标；

④掌握如何正确调整新拌砂浆的和易性（流动性、保水性）；

⑤熟悉影响砂浆强度的主要因素（配合比、原材料、搅拌时间、养护时间等）；

⑥了解季节性施工（冬期、暑期、雨期）的基本要求与方法；

⑦掌握砖墙、砌块墙的质量验收标准与要求；

⑧了解配筋砖砌体的施工工艺及要求；

⑨了解砖墙、砌块墙常见质量问题及防治措施；

⑩懂得抹灰工作的重要性与作用；

⑪熟悉抹灰工程常用胶凝材料的性能及用法；

⑫熟悉抹灰砂浆的种类与配合比设计方法；

⑬熟悉常用墙面、楼地面装饰块材、板材的规格与质量要求；

⑭掌握不同材质墙体表面一般抹灰技术与质量要求；

⑮掌握地面与顶棚一般抹灰技术与质量要求；

⑯熟悉常见外墙面装饰抹灰技术与质量要求；

⑰熟悉常见饰面块材的粘结方法与质量要求；

⑱熟悉冬期抹灰的基本要求与技术措施。

2）混凝土工、钢筋工

①熟悉混凝土的不同分类及强度指标；

②掌握适合农房建造使用的中低强度混凝土配合比设计方法；

③掌握混凝土的搅拌、浇筑、养护等技术要求；

④了解混凝土的质量控制及检查检验方法；

⑤掌握对常见混凝土施工缺陷的处理方法；

⑥了解混凝土季节施工（冬期、暑期、雨期）的基本要求与方法；

⑦熟悉普通钢筋的性能与强度指标；

⑧掌握钢筋的配料、除锈、调直、切割、绑扎、搭接、焊接、弯勾等技术要求；

⑨熟悉钢筋工程的质量验收标准。

3）木工

①熟悉常用木材的物理力学性质；

②熟悉常用人造板材的种类与使用方法；

③熟悉木工常用胶粘剂的种类与使用方法；

④掌握木材材积的计算方法；

⑤掌握一般木门窗的构造与制作要求；

⑥掌握一般木质吊顶的构造与制作要求；

⑦掌握木模板的配置与安装要求；

⑧掌握简单木屋架的构造、放样技术；

⑨熟悉常见木楼梯的构造技术；

⑩熟悉室内木装修的一般技术要求。

1.3.2　农村建筑工匠技能体系

（1）砌筑工、抹灰工

1）熟练操作、使用常用小型砌筑工具、抹灰工具；

2）熟练掌握砌筑工程、抹灰工程的质量检测工具；

3）掌握砂浆搅拌机的使用与维修方法；

4）熟练掌握木脚手架、钢管脚手架的架设方法；

5）熟练掌握实心砖墙的不同组砌形式、施工工艺与技术要点；

6）熟练掌握空心砖墙的不同组砌形式、施工工艺与技术要点；

7）熟练掌握常用砌块的不同组砌形式、施工工艺与技术要点；

8）熟练掌握毛石墙、毛石基础的砌筑方法与技术要点；

9）熟练掌握屋面瓦片的铺设方法与技术要点；

10）熟悉一般抹灰工程质量的允许偏差和检验方法；

11）掌握外墙面水刷石、干粘石、斩假石的施工工艺与技术要点；

12）掌握水泥砂浆地面、水磨石地面的施工工艺与技术要点；

13）熟练掌握外墙面砖、马赛克、饰面板材的施工工艺与技术要点。

（2）混凝土工、钢筋工

1）熟练操作、使用混凝土工程的常用机具，包括：混凝土搅拌机、混凝土运输机具、混凝土振动器；

2）熟练掌握混凝土的搅拌操作工艺；

3）熟练掌握梁、板、柱混凝土的浇筑与振捣工艺；

4）熟悉混凝土施工缝的留设位置与处理方法；

5）掌握混凝土的养护、拆模技术要求；

6）掌握现场预制简单混凝土构件的技术与方法；

7）熟练操作、使用钢筋加工、焊接工具；

8）熟练掌握梁、板、柱钢筋的绑扎、连接与安装工艺；

（3）木工

1）熟练操作、使用木工常用机具与设备；

2）熟练掌握榫卯节点制作工艺；

3）熟练掌握普通木门窗的制作工艺；

4）掌握木模板的配置、加工与安装工艺；

5）掌握木材圆钉连接、扒钉连接、螺栓连接及搭接结合等施工工艺；

6）掌握简单木屋架、钢木屋架的制作工艺；

7）掌握常见木楼梯的施工与制作工艺；

8）掌握简单室内木装修的施工工艺。

1.4　农村建筑工匠培训方法

1.4.1　学时安排

根据以上知识体系、技能体系的内容要求，及课程设置原则，农村建筑工匠培训总学时安排为 120 学时，其中，基础课教学与实践课教学各 60 学时。如每天按 8 学时计算，总培训天数为 15 天。各地根据实际情况可以适当调整，但总学时不应少于 96 学时，总培训天数不应少于 12 天。

（1）基础课教学（知识体系）

1）农房建造基本知识　　　　　4 学时

2）村庄规划与农房设计原则　　4 学时

3）农房建筑材料及要求　　　　6 学时

4）建筑识图　　　　　　　　　4 学时

5）农房地基与基础　　　　　　6 学时

6）农房构造与抗震　　　　　　16 学时

7）建筑施工　　　　　　　　　12 学时

8）农房施工安全常识　　　　　4 学时

9）总结　　　　　　　　　　　2 学时

10）考试　　　　　　　　　　　　　2学时

以上总计：　　　　　　　　　　　60学时

（2）实践课教学（技能体系）

1）农房选址　　　　　　　　　　4学时

（带学员到现场，实地讲解哪些地段与土层适合于建房，哪些不适合建房。）

2）测量放线　　　　　　　　　　4学时

（现场讲解建筑定位、放线及标高引测的操作技术要领。）

3）建筑材料　　　　　　　　　　8学时

（对照实物，对常用建筑材料的质量进行观察与辨认；演示砂浆和混凝土的配合比做法等。）

4）地基基础　　　　　　　　　　4学时

（现场讲解基槽基坑的放坡开挖、地基土质确认、基础构造做法以及回填土施工要求等。）

5）建筑识图　　　　　　　　　　4学时

（对照图样进行现场识图及构造讲解。）

6）基础、墙体砌筑操作　　　　　4学时

7）钢筋下料、加工与绑扎操作　　4学时

8）梁板柱混凝土浇筑工艺　　　　8学时

9）屋面防水施工工艺　　　　　　4学时

10）抹灰、镶贴施工工艺　　　　　4学时

11）水电管线安装工艺　　　　　　4学时

12）小型机械操作　　　　　　　　4学时

13）总结　　　　　　　　　　　　2学时

14）现场考核　　　　　　　　　　2学时

以上总计：　　　　　　　　　　　60学时

1.4.2　培训形式与方法

培训方式是开展农村建筑工匠培训工作的重要手段，采取灵活

多变、形式多样的培训方式，不仅能够有效地提升培训层次，而且能够增强培训的实际效果。

（1）组织形式

由于农房建设工作点多、面广、量大，培训对象来自不同地区，培训工作的组织形式宜灵活多样，结合各地的实际情况，采取"宜集则集、宜散则散，以集为主，统一组织"的方式实施。

一是统一组织，集中实施：即由市（县、区）建设行政主管部门统一组织辖区内的农房建设管理人员和符合培训条件的农村建筑工匠，由培训机构集中组织授课，统一组织考察学习、参观见学，统一组织培训考试和颁证。

二是统一组织，分散实施：即培训工作由市（县、区）建设行政主管部门统一组织，拟订培训计划，统一培训内容、时间和方法，统一调配师资队伍，再根据本级行政区域内的实际情况和区域位置，分片区设点，巡回实施培训。

三是分类指导，分级培训：即根据培训对象的工作性质、专业基础、文化程度的不同差异，将培训对象分为低、中、高三个层次，统一拟订培训计划，统一确定培训内容、时间、方法，再分别由镇（乡）、县、市分级组织实施。

四是服务基层，送教下乡：为解决农村工匠集中难的问题，可预先拟订好培训计划，以较大的镇（乡）为中心设置培训教学点，联合临近镇（乡）的农村建筑工匠参加。市（县、区）主办单位和培训机构将培训教材、资料、授课老师送到基层教学点，开展上门培训服务。

（2）培训方法

为了增强培训的针对性和有效性，提高培训质量，农村建筑工匠培训工作可采取以下五种方法：

一是集中办班培训。由各镇（乡）推荐有一定文化程度和专业基础的农村工匠，统一参加由市（县、区）两级举办的"农村建筑工匠培训"班，集中培训时间、集中专业人员、集中师资骨干、集中培训内容，集中组织授课，对农村建筑工匠进行专业系统培训，全面提高农村建筑工匠的专业理论基础和实际操作技能。

二是以专业会议代训。各市（县、区）和镇（乡）利用召开专业会议的有利时机，邀请省市建筑行业的专家和院校资深学者，为参加会议的各级农房建设管理人员作报告、办讲座、讲法规，向与会者传授农房建设的新知识、新材料、新工艺、新标准和新理念，提升农房建设管理者科学管理、依法管理的能力。

三是参观见学。组织村镇管理人员和培训学员走出课堂，深入到具有特色的新集镇、新村庄、新安置点参观学习，把课堂设到农房建设施工现场，让学员现场学习施工管理和施工操作技能；请技术工匠现场演示"构造柱竖向钢筋在地圈梁内的锚固"，"过梁、挑梁的安装"，"柱子混凝土浇筑"，"卷材防水施工"等关键技术，让参训学员实地学习正确的施工方法和施工工艺，借鉴他人在农房建设中好的做法和成功经验。

四是现场操作。有条件的培训机构应建立学员实习基地，在老师和技工的指导下，组织学员进行实际施工操作练习，掌握基本技能；条件不具备的可选择在建中的农房工程作为实习场地，组织学员现场实习。

五是座谈讨论。在理论讲解的基础上，把农房建设中发现的问题进行梳理，组织培训学员结合农村的特点、农房建设的实际、抗震设防技术的要求等重点内容展开座谈讨论，提出解决这些问题的办法和措施，集思广益，归纳总结，形成培训成果，让学员在今后的建设实践中加以运用。

1.4.3　考核颁证

培训考核是对培训成果的检验，每期培训结束后，应对学员统一组织考试，考试分为理论与操作两项内容，理论考试以建筑基础知识、建筑法规和安全文明施工等内容为主，操作考核应以墙体砌筑、构造做法、主要施工机具的使用等施工技术为主。考试（核）

成绩应建档登记，并作为今后继续教育的依据。

经考试（核）合格的学员，颁发由当地住房和城乡建设部门统一印制的"农村建筑工匠培训合格证书"，获证的学员可凭此证上岗，从事农村建筑工作，承接农房建设项目。

第 2 章

农房建造基本知识

2.1 农房建造原则

（1）遵纪守法，不违法违章建设；

（2）科学选址，符合村庄规划；

（3）功能适用，面积合宜，不贪高图大，不相互攀比；

（4）精打细算，节约资金；

（5）就地取材，废物利用；

（6）精心组织，规范施工，质量为本，安全第一。

2.2 农房建设一般程序

（1）提出申请：建房户按国家和当地规定的用地标准，填写农村宅基地申请表，向当地村民委员会提出用地申请。

（2）审查报批：经过村民小组或村民委员会根据年度用地控制指标和申请条件审查通过的，按村镇规划要求办理报批手续。建房占用非耕地的，由乡镇人民政府批准，使用耕地的，由乡镇人民政府审查，报县级人民政府批准。

（3）用地放线：政府批准后，发给建房户《建设用地批准书》，由乡镇土地管理人员机构配合有关人员划拨土地，现场放线。

（4）发证确权：房屋建设完工之后，应申报由乡镇土地管理部门验收。符合批准用地要求的，由县人民政府办理土地登记，发给建房户《集体土地建设用地使用证》，从法律上取得这块宅基地的使用权。

2.3 农房建设应遵守的法律法规

（1）相关法律法规

1)《中华人民共和国土地管理法》；

2)《中华人民共和国土地管理法实施条例》;

3)《中华人民共和国城乡规划法》;

4)《村庄和集镇规划建设管理条例》;

5)《村庄整治技术规范》;

中国人民共和国
土地管理法

法律出版社

中国人民共和国
城乡规划法

法律出版社

6)各省、自治区、直辖市颁布的农村宅基地管理办法等。

（2）主要相关条文

1）珍惜土地和切实保护耕地是我国的基本国策。

2）农村宅基地、自留地、自留山、承包地均归农村集体所有，农民具有依法使用权。

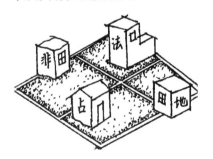

3）任何组织或者个人不得侵占、买卖、出租或者以其他形式非法转让土地；农村村民出卖、出租、赠予住房后，再申请宅基地的，不予批准。

4）农民擅自在自留地、自留山、承包地上建房、挖沙、采石、取土，属违法行为。确实需要使用农用地的，应依照法律规定和程序办理审批手续，未经批准或者采取欺骗手段骗取批准、非法占用土地建房的，均属违法行为。

5）农户依法使用宅基地应遵守以下义务：保护和合理利用宅基地，不得擅自改变宅基地的用途，不得妨害相邻权，不得妨害公共利益。

6）农民建房，应尽量使用原有的宅基地和村内空闲地。可以利用荒地的，不得占用耕地，可以利用劣地的，不得占用好地。

7）农村村民一户只能拥有一处宅基地，面积不得超过省（区、市）规定的标准。

8）规划明确撤并的村庄，不得新建、重建和改扩建农宅。

9）不得在公路沿线、城乡接合部非法占用（租用）农民集体所有土地进行非农建设。

2.4　农房的功能与建筑结构形式

2.4.1　农房的基本功能

1）满足人们居住生活的功能。简单讲，房子就是为了遮风避雨，有了房子才有了家。

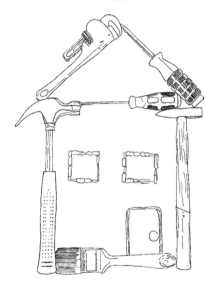

2）满足部分农副产品生产、农机具存放等功能。我国有 5.6 亿人口居住在农村，广大农民群众承担着全部的农业生产以及各种副业、家庭手工业的生产。因此，农村住宅不仅要保证农民生活居住的功能空间，还必须考虑这些功能空间都应兼具生活和生产的双重要求，另外还应该配置农机具、谷物等的储藏空间及室外的晾晒场地和活动场所。

3）保护居住者人身财产安全的功能。房屋除了遮风避雨之外，还应具备正常使用期间保护居住者人身生命财产不受伤害的要求，并且在遭遇地震、台风等自然灾害时，房屋是一个安全避难的场所而不能成为灾害的帮凶。

4）体现民族及地方传统文化特色的功能。即各地农房应充分考虑当地自然条件、民情风俗。使其不但具有时代风貌，而且富有乡土气息和地方特色。

2.4.2 农房主要建筑结构形式

（1）砖混结构

以砖墙作为主要竖向承重构件，楼面、屋面采用钢筋混凝土现浇板或预制板的混合结构房屋称为砖混结构。砖混结构房屋具有就地取材、施工便捷、承载力较高、耐久性好等优点，在全国各地被广泛采用（图2-1）。

图2-1 砖混结构农房

（2）砖木结构

砖木结构指砖墙承重、楼屋面采用木构件的房屋结构。砖木结构一般采用坡屋顶，以利排水，个别地区也有做平屋顶。砖木结构由于不需要支模浇筑混凝土屋盖，施工起来更为便捷；并且可在木屋架上铺草、坐泥或挂瓦，房屋保温隔热性能较好；其次，经济性也较砖混结构要好，因此砖木结构在全国范围使用也非常广泛（图2-2）。

图2-2 砖木结构农房

（3）砌块砌体结构

砌块砌体结构指采用混凝土小型空心砌块、实心砌块或农户自制水泥砌块砌筑承重墙体的房屋结构。楼（屋）面可以是钢筋混凝土预制板、现浇板，也可以采用木结构。砌块砌体结构在缺少黏土砖或限制使用黏土砖的地区较多使用（图2-3）。

图2-3　砌块砌体结构农房

（4）木结构

由木柱、木框架作为主要承重构件，生土墙（土坯墙或夯土墙）、砌体墙和石墙作为围护墙的房屋结构。主要包括穿斗式木构架、木柱木构架、木柱木梁等形式（图2-4）。

图2-4　木结构农房
（a）穿斗式（砖墙围护）；（b）木柱木构架；（c）木柱木梁；（d）木板拼接式

（5）石结构

由石砌体作为主要承重构件的房屋结构，料石、毛石或片石是石砌体的主要块材。调查发现，西部石砌墙绝大多数采用泥浆砌筑，汶川地震后，灾区重建房屋中有少部分改为水泥砂浆砌筑。国内石结构房屋中数量最多且极富地域特色的当属藏羌民居，如图 2-5 所示。

（a）　　　　　　　　　　　　（b）

（c）　　　　　　　　　　　　（d）

图 2-5　石结构农房

（a）四川阿坝羌族石结构民居；（b）西藏林芝石结构民居；
（c）四川汶川石砌碉楼；（d）灾后重建中的碉楼（泥浆砌筑）

（6）生土结构

生土结构泛指使用未经过焙烧，而仅仅经过简单加工的原状土质材料建造的房屋结构，包括土坯墙结构、夯土墙结构及土窑洞等。改革开放以前，生土建筑在我国农村民居建设中扮演着举足轻重的角色。目前，在我国西北、西南广大地区，由于受地理、气候环境及经济不发达等因素的制约，生土结构民居在这些地区仍具有蓬勃的生命力。

1）土坯墙承重结构

西部民居中的土坯大致有 2 种形状，一种是砖块形状的（西部各地均有，也叫"土砖"，尺寸约为 290mm×140mm×100mm 左右），一种是薄片状的（陕西关中、甘肃中部较常见，当地称作"胡基"，尺寸为 340mm×220mm×60mm 左右）。传统土坯墙采用黏土泥浆砌筑，通常泥浆中拌有麦草。屋架和檩条搁置在土坯墙上，屋盖重量由土坯墙直接承担；土坯与粘结泥浆强度较低，抗压强度一般在 0.3～0.8MPa 之间；无其他抗震构造措施（图 2-6）。根据震害统计，该类型房屋抗震能力很低，6 度地震就可造成相当数量破坏，7 度时有一定数量的严重破坏和倒塌，8 度地震时则多数破坏达到不可修复程度，9 度地震时基本倒塌。

（a）　　　　　　　　　　　（b）

（c）　　　　　　　　　　　（d）

图 2-6　土坯墙农房
（a）云南土坯墙农房；（b）甘肃土坯墙农房；
（c）土坯墙砌筑（西藏日喀则）；（d）"胡基"墙砌筑（陕西关中）

西部民居中的土坯墙结构在与环境的适应过程中不断自我更新，演化出了很多变种。如底部砖砌上部土坯墙结构（俗称"穿靴戴帽"，

图 2-7a)，四角砖柱土坯墙结构（图 2-7b)，有的仅山墙或正立面墙为砖墙，其余为土坯墙的砖土混合结构（图 2-7c、图 2-7d)等。这些房屋的安全性能一般都较差，不宜在地震区建造。

（a）　　　　　　　　　　　（b）

（c）　　　　　　　　　　　（d）

图 2-7　砖土混合结构农房

（a）"穿靴戴帽"土坯墙农房（新疆)；（b）四角砖柱土坯墙农房（甘肃)；
（c）"砖山"混合结构农房（四川)；（d）"砖脸"混合结构农房（青海)

2）夯土墙承重结构

夯土墙由普通黏土或含一定黏土的粗粒土夯打而成。夯土墙根据夯打时墙体两侧模具的不同又分为"板打墙"和"椽打墙"（图 2-8～图 2-11)。前者是将半干半湿的土料放在木夹板之间，逐层分段夯实而成；后者是采用表面光滑顺直的圆木代替木夹板，每侧 3~5 根圆木，当一层夯筑完后，将最下层的圆木翻上来固定好，用同样的方法继续夯筑，依次一根一根上翻，循序进行。

（7）窑洞

窑洞主要分布在我国西北黄土高原地区，按照建造工艺的不同可以分为靠崖式窑洞、下沉式窑洞和独立式窑洞。

图 2-8　甘南地区"板打墙"
（单人操作）

图 2-9　川滇地区"板打墙"
（多人操作）

图 2-10　关中地区"椽打墙"
（两侧夹木椽）

图 2-11　关中地区"椽打墙"
（两侧夹钢管）

1）靠崖式窑洞

靠崖式窑洞就是在天然土崖上或土坡的坡面上开凿横洞，窑洞一般净宽 3~4m，深可达 10m 多，有时数个窑洞相互串联，为了防止泥土崩溃，通常还会在洞内加砌砖或者砌石，并在外围砌筑砖墙，形成了靠崖式窑洞唯一的外立面，称之为"窑脸"，它可以起到装饰窑洞和保护崖面的作用。靠崖式窑洞顺势造窑，造价低，几乎不占用土地，又与大自然相协调，是节约土地、低成本、绿色美观的生土建筑（图 2-12）。

图 2-12　靠崖式窑洞

2）下沉式窑洞

下沉式窑洞由地下穴居演变而来，也叫地坑窑、地阴窑、天井窑。通常做法是：先在平地上垂直挖出一个深约 6~7m，边长 12~15m 的长方形或者正方形地坑，然后再在这个方形地坑的四方崖面上凿出窑洞，通常凿出 8~12 个窑洞，每个窑洞高约 3m，宽约 3~4m，深约 8~12m，形成一个由四面窑洞围合而成的地下院落，垂直挖出的土坑作为窑院，通过斜向上的坡道连通窑院和地面（图 2-13）。

图 2-13　下沉式窑洞

3）独立式窑洞

从建筑和结构形式上看，独立式窑洞实质上是一种在地面上建造的拱形建筑。建造独立式窑洞需要先以夯土或砖石形成基墙（窑腿），而后在其上用砖石或土坯起拱发券，最后上部覆土完成。根据砌筑材料的不同，又分为砖窑、石窑和土拱窑三种。独立式窑洞无需靠山依崖，所以不受地形限制，布局相对灵活，可形成三合院、四合院以及窑洞混合院落，应用非常广泛，而且又不失窑洞冬暖夏凉的优点（图 2-14）。

图 2-14　独立式窑洞

第 3 章

村庄规划与农房设计原则

3.1 村庄规划

"产业兴旺、生态宜居、乡风文明、治理有效、生活富裕"是乡村振兴的总要求，也是当前村庄规划的指导思想。

3.1.1 村庄规划原则

（1）合理布局。调整现有农村居民点布局结构，减少村庄数量，壮大村庄规模，提高公共服务设施水平，鼓励适度合村并点。

（2）节约用地。通过清理村内闲置宅基地、充分利用原有村庄用地进行旧村改造，新建用地要尽量选择非耕地进行建设，集中紧凑布局，保护耕地，节约用地。已搬迁合并村庄要尽快进行土地复垦，实现退房还田或还林。

（3）因地制宜、远近期结合。村庄规划要密切结合当地实际，因地制宜，根据各地经济社会发展水平，实事求是，量力而行。同时要处理好近期建设与远期发展、旧村改造与新村建设的关系，统一规划，分步实施。

（4）传承文脉。规划布局要结合当地自然条件，合理继承原有的布局结构、空间形态，保护具有一定历史价值和文化价值的建构筑物、古树名木、标志物，体现各地不同的民俗风情，突出地方特色。

（5）防灾减灾、保障公共安全。根据当地灾害情况，有针对性地建立防洪、防火、抗震防灾、防风减灾、防疫、防污染的综合公共安全体系。

3.1.2 村庄建设用地分类与农房选址

（1）村庄用地根据是否适宜于建设，通长划分为三类：

1）适宜修建房屋的用地。如地形平坦、规整、坡度适宜，地质良好，没有被洪水淹没或发生泥石流的危险。这些地段因自然条件比较优越，适于农村乡镇各项设施的建设要求，一般不需或者进行简单地基处理即可进行房屋的修建。属于这类用地的有：

①非农田或者在该地段是农作物产量较低的农业用地。

②地基土承载力较高的地段，如稳定基岩，坚硬土，开阔、平坦、密实、均匀的中硬土等，这样可节省地基基础的工程费用。一般农房对地基允许承载力的要求如下：一层农房：$6\sim10t/m^2$（表示：吨/平方米）；二、三层：$10\sim12t/m^2$。当地基承载力小于 $10t/m^2$ 时，应注意房屋地基的沉降问题。

③地下水位较深，一般低于房屋的基础埋置深度的地段。

④不被 50 年一遇洪水淹没的地段。

⑤平原地区地形坡度，一般不超过 5%~10% 的地段；在山区或丘陵地区地形坡度，一般不超过 10%~20% 的地段。

⑥没有冲沟、滑坡、崩塌、岩溶、地陷、地裂、泥石流及地震断裂带、地下采空区等潜在不良地质灾害的地段。

⑦地势相对较高的地方，或有可靠的防洪措施的地段，或采用简单措施即可迅速排除积水的地段。

2）基本上可以修建房屋的用地。在这类用地上建房时，必须采取一定工程加固处理措施。属于这类用地的有：

①地基承载力较差，或属于一般软弱土、膨胀土、湿陷性黄土等不良土质地段，修建房屋时地基需要采用人工加固措施。

②地下水位较高，修建时需降低水位或采取排水措施的地段。

③地形坡度或起伏较大，修建时需要较大土方工程的地段。

④其他不利地段：如突出的山嘴，高耸孤立的山丘，非岩质的陡坡，河岸和边坡的边缘，古河道，疏松的断层破碎带与回填场地等。

3）不适宜修建房屋的用地（图 3-1）。具体指以下几种情况：

①农牧业利用价值很高的丰产农田、林区及草场。

②地基承载力极低的地段，如地基承载力小于 $6t/m^2$ 和厚度在 2m 以上的泥炭层、流沙层等，需要采取很复杂的人工加固措施的地段。

③地形坡度过陡（超过20%以上），布置、修建房屋很困难的地段。

④经常受洪水淹没的地段。

⑤有严重的活动性冲沟、滑坡、泥石流和岩溶的地段。

⑥地震时可能发生滑坡、崩塌、地陷、地裂、泥石流等及地震断裂带上可能发生地表位错位的地段。

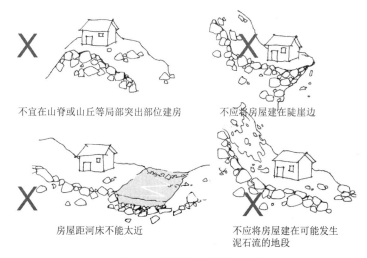

不宜在山脊或山丘等局部突出部位建房　　　　不应将房屋建在陡崖边

房屋距河床不能太近　　　　不应将房屋建在可能发生
泥石流的地段

图3-1　不利于建房的选址示意

⑦其他限制建设的地段：如具有开采价值的矿区，自然保护区，给水水源防护地带，现有铁路、机场用地、军事用地及高压输电线路和地下管线所穿越的地段。

（2）农房选址要求：

1）应首选在适宜修建房屋的用地上建房，避免在不适宜修建房屋的用地上建房，不应在危险场地建房。

2）农房建设边缘与公路边沟外缘的间距为：国道不少于20m，省道不少于15m，县道不少于10m，乡道不少于5m。禁止在高速路两侧边沟外缘30m和立交桥通道边缘50m内修建永久性住房。

3）高压线附近不宜建新房，无法避免时应保证有足够的安全距离。

4）汽车专用公路和一般公路中的二、三级公路，应避免从村内部穿过；现状已经在公路两侧形成的村庄，应进行调整。

5）农房选址时，应与外界有便捷的对外交通道路，保障水、电等基础设施的供给。

3.1.3　村庄规划布局及类型

（1）村庄规划布局要求

1）集中布局，紧凑发展。采取集中紧凑的集约式布局，节约用地，保持公共服务设施合理的服务半径，节约基础设施投资，同时要避免穿越过境公路、高压线等大型基础设施。

2）利用现状，结合自然。与现状布局结构、道路系统相结合，减少拆迁量。与现状地形地貌、河流水系相适应，规划布局宜活泼自然，不宜过于追求方正、规则。

3）方便生活，有利生产。村庄布局要达到改善居住环境，提高生活质量的目的，改善日照、交通、卫生条件和配套设施水平，满足村民从事各类生产活动需要。

4）继承传统，改善景观。充分挖掘地方文化内涵，保持原有的社会组织结构和布局形态，改善居住环境，体现地方特色。

（2）规划布局类型

村庄布局通常分为集中式布局、组团式布局、分散式布局。

1）集中式布局模式

以现状村庄为基础或重新选址集中建设的布局形式（图3-2）。布局特点：组织结构简单，内部用地和设施联系使用方便，节约土地，便于基础设施建设，节省投资。适用范围：平原地区特别是人均耕地面积较少的村庄；现状建设比较集中的村庄；中等或中等以下规模村庄。

2）组团式布局

由二片或二片以上相对独立建设用地组成的村庄，多采用自由

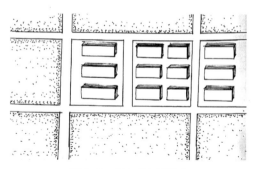

图 3-2　集中式布局模式

式布局形式（图 3-3）。布局特点：因地制宜，与现状地形或村庄形态结合，较好地保持原有社会组织结构，减少拆迁和搬迁村民数量，减少对自然环境的破坏；土地利用率较低，公共设施、基础设施配套费用较高，使用不方便。适用范围：地形相对复杂的山地丘陵、滨水地区；现状建设比较分散或由多个自然村组成的村庄；村庄规模较大或多个行政村联成一体的区域。

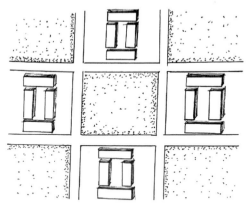

图 3-3　组团式布局模式

3）分散式布局

由若干规模较小的居住组群组成的村庄（图 3-4）。布局特点：结构松散，无明显中心区，易于和现状地形结合，有利于环境景观保护；土地利用率低，基础设施配套难度大。适用范围：土地面积大，地形复杂、适宜建设用地规模较小的山区；风景名胜区、历史文化保护区对村庄建设的特殊要求。

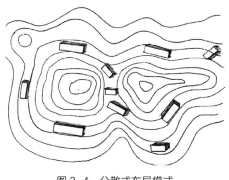

图 3-4　分散式布局模式

3.2　农房设计

3.2.1　农房设计的基本原则

（1）安全原则。是指农房必须坚固耐久，不但具有足够的强度、刚度、稳定性和抗震安全性，而且满足防火、抗风的要求，以保证居民的人身生命财产安全。

（2）适用原则。是指方便居住生活，有利于生产和经营，适应不同地区、不同民族的生活习惯需要。包括房屋层数、房间大小、院落各组成部分的相互关系，以及采光、通风、保温隔热和卫生等设施是否满足生活、生产的需要。

（3）经济原则。是指房屋建设应该在因地制宜、就地取材的基础上，有合理的功能布置，充分利用室内、室外空间，节约建筑材料，节约用地，节约能源消耗，降低建房成本。

（4）美观原则。是指在安全、适用、经济的原则下，弘扬传统民族文化，凸显地方特色，力求简洁、明快、大方，并与环境相协调；适当注意房屋内外的装饰，给人以美的艺术感受。

3.2.2 农房建设标准

（1）农房建筑面积每户不宜超过 250m^2。

（2）普通农房建造不宜超过 3 层。经济条件较好、用地紧张的中东部农村地区，应鼓励建造以 2~3 层为主的低层房屋；经济条件较差、人稀地广的西部农村地区，应以单层或 2 层为主；地震设防烈度较高（8 度以上）地区，应鼓励建造单层抗震农房。

（3）农房建筑基底面积不宜大于宅基地面积的 70%，应留有适当的院落空间。

（4）农房层高不宜超过 3.3m，其中底层层高可酌情增加，但不应超过 3.9m。

3.2.3 农房平面设计

（1）平面功能应尊重当地传统风俗习惯，布局合理，方便农民生活和生产的要求。

（2）新建农房在平面功能满足当前使用的条件下，并为今后发展变化（如改、扩建）留有余地。

（3）各功能空间应减少干扰，分区明确，实现寝居分离、食寝分离、净污分离。

（4）平面形状力求简洁、整齐。

（5）主要房间进深不宜大于 4.5m，不应大于 6.0m。

（6）尽可能减少交通辅助面积或其他无用空间。

3.2.4 农房立面设计

（1）立面应统一协调，突出地方特色。

（2）外墙材料立足于就地取材，因材设计。

（3）色彩应与周边环境协调，体现乡土气息。

（4）窗户以满足室内采光通风的要求即可，过大开洞不但影响房屋的安全性，而且降低房屋的保温隔热性能；卫生间宜设高窗，以满足私密性的要求。

（5）房屋室内外高差以室内地面高出室外地面 1~3 个踏步为宜。

第 4 章

农房建筑材料及要求

  建筑材料及其要求

建筑材料是构成房屋建筑的物质基础，质量合格的建筑材料是房屋安全性、耐久性与舒适性的基本保证。一方面，农村建房材料复杂多样，且大多数是建房户自行购买，随意性很强；另一方面，农村建材市场尚不规范，监管措施不到位，材料质量良莠不齐，假冒伪劣、不合格产品较多。因此，作为一名农村建筑工匠，应该对常用建筑材料相关知识进行系统学习，掌握一般材料的基本性能与质量要求，并在农房施工或指导农户建房时做到"严把材料关"。

4.1　建筑材料的基本要求

4.1.1　建筑材料的分类

建筑材料种类繁多，可从不同角度对其进行分类。按化学成分分类，建筑材料可分为无机材料、有机材料和复合材料三大类。按其用途，可分为结构（梁、板、柱、墙体）材料、围护材料、保温隔热材料、防水材料、装饰装修材料等。从使用历史的角度，可以分为传统建筑材料与现代建筑材料，前者如土、木、砖、石、竹等自然材料，后者如钢筋、水泥、混凝土等材料。表4-1是以材料化学成分进行分类的情况。

建筑材料按化学成分分类　　　　　　　表4-1

| 无机材料 | 金属材料 | 黑色金属：铁、碳素钢、合金钢；
有色金属：铝、锌、铜及其合金 |
| | 非金属材料 | 天然材料（砂、黏土、石子、大理石、花岗岩等）；
烧土制品（普通烧结砖、烧结多孔砖、烧结空心砖、瓦、陶瓷等）；
熔融制品（玻璃、玻璃制品）；
保温材料（石棉、矿物棉、膨胀蛭石等）；
胶凝材料（石灰、石膏、水玻璃、水泥等）；
混凝土及硅酸盐制品（混凝土、砂浆、砌块、蒸压养护砖、硅酸盐制品等） |

有机材料	天然材料	木材、竹材、植物纤维等
	胶凝材料	沥青、合成树脂等
	高分子材料	塑料、涂料、有机涂料、合成橡胶等
	保温材料	软木板、毛毡等
复合材料	金属、非金属复合材料	钢筋混凝土、钢纤维增强混凝土等
	无机、有机复合材料	沥青混凝土、聚合物混凝土等
	金属、有机复合材料	轻质金属夹芯板、铝塑板等

4.1.2　建筑材料的基本要求

（1）安全性要求。一是指材料应具备必要的强度与承载能力，良好的变形性能，满足正常使用或遭受偶然作用时（如地震、台风、火灾、爆炸、碰撞等）仍能维持结构或构件基本安全的性能；二是指材料不含有害化学物质或有害化学物质含量在容许的范围之内，保证房屋在建造过程、使用过程中不对人体或环境造成伤害。

（2）耐久性要求。是指材料使用过程中，在内、外部因素的作用下，经久不破坏、不变质，保持原有性能的性质，是决定房屋使用寿命的主要因素。不同材料的耐久性往往有不同的具体内容，如混凝土的耐久性，主要以抗渗性、抗冻性、抗腐蚀性和抗碳化性所体现；钢材的耐久性，主要决定于其抗锈蚀性；木材的耐久性主要表现为耐腐朽及防虫蛀的性能；而沥青的耐久性则主要取决于其大气稳定性和温度敏感性。

（3）适用性要求。使用功能不同的建筑物及其不同部位要选用相应的建筑材料，不同建筑材料有着不同的适用范围，应尽量做到物尽其用。如屋面、墙体等要根据当地的气候等条件选择合适的材料，做到舒适并且美观。

（4）经济性要求。在满足安全、适用、耐久的条件下尽量经济。

在广大农村地区，由于交通不便，材料的运输费用较高，所以修建
农房应尽量就地取材，降低造价。

4.2 钢筋

钢筋一般配置在混凝土梁、板、柱结构构件中，主要承受拉力。
经常在墙体灰缝中加入水平拉结钢筋，以增强墙体强度与延性，提
高房屋的抗震性能。

4.2.1 钢筋的品种与力学性能

按照不同的划分标准，可以把钢筋划分为不同的种类。按钢筋
外形，可划分为光圆钢筋和变形钢筋。

光圆钢筋简称"圆钢"，由于容易弯曲，在运输过程中常常被卷
成一圈一圈的圆环状，因此也称为"盘圆钢筋"；变形钢筋也叫"带
肋钢筋"，俗称"螺纹钢"。

按照强度，可以把钢筋划分为Ⅰ级钢（用 HPB300 表示）、Ⅱ级
钢（用 HRB335 表示）、Ⅲ级钢（用 HRB400、HRBF400、RRB400
表示）、Ⅳ级钢（用 HRB500、HRBF500 表示）四种级别，其中Ⅰ级
即圆钢，Ⅱ级、Ⅲ级、Ⅳ级均为螺纹钢。如图 4-1 所示。

图 4-1 光圆钢筋与带肋钢筋

（1）热轧光圆钢筋按照《钢筋混凝土用钢 第 1 部分：热轧光圆
钢筋》GB/T 1499.1—2017 标准规定，实际重量与理论重量的允许偏

差应符合表 4-2 的规定；钢筋牌号和化学成分应符合表 4-3 的规定；力学工艺性能指标应符合表 4-4 的规定。

光圆直条钢筋实际重量与理论重量的允许偏差规定　　表 4-2

公称直径（mm）	实际重量与理论重量的允许偏差（%）
6~12	±6
14~22	±5

注：每米钢筋理论重量（kg/m）计算公式：0.006126 × 直径 × 直径，其中直径单位为 mm。

钢筋牌号和化学成分规定　　表 4-3

牌号	化学成分质量分数（%） 不大于				
	碳 C	硅 Si	锰 Mn	磷 P	硫 S
HPB300	0.25	0.55	1.50	0.045	0.045

力学工艺性能指标规定　　表 4-4

牌号	下屈服强度 R_{eL}（MPa）	抗拉强度 R_M（MPa）	断后伸长率 A（%）	最大总延伸率 A_{gt}（%）	冷弯试验 180°（a—弯心直径；d—钢筋公称直径）
	不小于				
HPB300	300	420	25	10.0	$d=a$

注：R_{eL} 为钢筋屈服强度；R_m 为钢筋抗拉强度；A 为断后伸长率；A_{gt} 为最大力总伸长率。

　　按表 4-4 规定的弯芯直径弯曲 180° 后，钢筋受弯曲部位表面不得产生裂纹。

　　（2）热轧带肋钢筋按照《钢筋混凝土用钢　第 2 部分：热轧带肋钢筋》GB/T 1499.2—2018 标准规定，相应指标应符合表 4-5~表 4-8 的要求。

钢筋实际重量与理论重量的允许偏差规定   表 4-5

公称直径（mm）	实际重量与理论重量的允许偏差（%）
6~12	±6
14~20	±5
22~50	±4

钢筋牌号和化学成分规定   表 4-6

牌号	化学成分（质量分数）（%） 不大于					
	C	Si	Mn	P	S	C_{eq}
HRB400 HRBF400 HRB400E HRBF400E	0.25	0.8	1.60	0.045	0.045	0.54
HRB500 HRBF500 HRB500E HRBF500E						0.55

力学性能指标规定   表 4-7

牌号	下屈服强度 R_{eL}（MPa）	抗拉强度 R_M（MPa）	断后伸长率 A（%）	最大总延伸率 A_{gt}（%）	R^O_M/R^O_{eL}	R^O_{eL}/R_{eL}
	不小于					不大于
HRB400 HRBF400	400	540	16	7.5	—	—
HRB400E HRBF400E			—	9.0	1.25	1.30
HRB500 HRBF500	500	630	15	7.5	—	—
HRB500E HRBF500E			—	9.0	1.25	1.30
HRB600	600	730	14	7.5	—	—

注：公称直径 28~40mm 各种牌号钢筋的断后伸长率 A 可降低 1%；公称直径大于 40mm 各牌号钢筋的断后伸长率 A 可降低 3%。

对于没有明显屈服强度的钢筋，下屈服强度特征值 R_{eL} 应采用规定塑性延伸强度 $R_{p0.2}$。

工艺性能指标规定 表 4-8

牌 号	公称直径 d（mm）	弯曲压头直径
HRB400 HRBF400 HRB400E HRBF400E	6~25	4d
	28~40	5d
	>40~50	6d
HRB500 HRBF500 HRB500E HRBF500E	6~25	6d
	28~40	7d
	>40~50	8d
HRB600	6~25	6d
	28~40	7d
	>40~50	8d

注：钢筋应进行弯曲试验。按表 4-8 规定的弯曲压头直径弯曲 180° 后，钢筋受弯曲部位表面不得产生裂纹。

小知识

常见符号"N"、"kN"、"kPa"、"MPa"都是啥意思？

①"N"、"kN"是重量或力的单位。

"1N"表示 1 个牛顿，约等于 0.1kg，即"1 牛等于 2 两"；

"1kN"表示 1000 个牛顿，约等于 100kg，即"1 千牛等于 200 斤"；

②"kPa"、"MPa"是压强单位，常用来表示材料每单位面积上的力。

"1kPa"表示 1 个"千帕"，约等于 1m² 上作用了 100kg 的力，或者相当于 1cm²（拇指盖大小）上作用了 0.01kg 的力。

"1MPa"表示 1000 个"千帕",约等于 1m² 上作用了 100t 的力,或者相当于 1cm²（拇指盖大小）上作用了 10kg 的力。

③举个例子,光圆钢筋的代号是 HPB300,数字"300"就表示光圆钢筋的破坏强度是"300MPa"。一根直径为 6mm 的光圆钢筋,其横截面积为 0.2827cm²,因此它能承受的最大拉力应为:$0.2827 \times 235 \times 10 = 664.5$kg。

再比如,我们说"某个地基承载力为 130kPa",就表示这个地基上每平方米可以承受 $130 \times 100 = 13000$kg $= 13$t 的荷载,当超过这个数值时地基就可能失效。

4.2.2　钢筋质量鉴别与保管

（1）钢筋质量的鉴别

1）一看钢筋质量证明书（最好是原件,或加盖了经销企业红章的复印件）与钢筋标牌（每捆钢材 2 个）是否齐全,内容是否吻合。钢筋质量证明书包括产品名称、产品标准、规格型号、批号、厂名厂址、检验结果等。钢筋标牌上面应该标有厂名、生产"炉（批）号"、牌号、规格、标准编号、重量等相关信息。其中,标牌上的"炉（批）号"是唯一的,如果与质量证明书的"炉（批）号"不吻合,或有改动痕迹,肯定为假冒产品。另外,非正规生产的钢筋一般无标牌或只有简易标牌（仅标数量）,无质量证明书,常常用正规厂复印件冒充,对此应仔细鉴别。

2）二看钢筋表面。首先,钢筋表面应该有牌号标识,如热轧带肋钢筋表面轧有牌号标志"3HG12",表示由邯钢（用字母 HG 表示）生产的直径为 12mm 的 HRB335 的热轧带肋钢筋。钢筋表面标识数字 3、4、5、6 分别代表 HRB335、HRB400、HRB500 级别钢筋。其次,钢筋表面不得有裂纹、结疤和折叠。而那些用地条钢锭轧制的钢筋,由于钢锭本身存在结疤、裂纹、夹渣等缺陷,虽然随着轧制变形会被部分掩盖,但不能完全消除。而且,钢筋直径越大,缺陷越容易暴露,正因为如此,市面上伪劣钢筋规格小于 16mm 的居多。

3）三看光洁度及颜色。正规钢筋表面呈光亮均匀的深蓝灰色，小厂生产的非正规钢筋表面呈灰色，有的甚至呈暗红色，表面氧化铁皮稍经敲击或擦拭会脱落。

4）四看截面尺寸（直径或内径）。正规企业生产的钢筋截面在公称尺寸范围内，且圆钢不圆度小、无耳子（又称裤线）。伪劣钢筋截面尺寸小于公称尺寸下限，耳子严重，不圆度大多超标准。这是有意轧成小尺寸以及落后的小型轧机等简易设备所致。

5）五看端部。伪劣钢筋端部往往带有未切掉的轧制端头，并夹带有缺陷存在，在整捆中长度比其他钢筋短，还有个别企业在钢筋端部涂有红色——主要是为了掩盖端部缺陷。伪劣钢筋由于以地条钢为原料，坯料小且重量不等，很难达到等尺，为提高"出材率"必然带有轧制端头。

（2）钢筋的堆放和保管

1）钢筋进场时应认真地进行验收，应对钢筋的规格、等级、牌号进行认真检查，并严格按批次分等级、牌号、直径、长度，挂牌架空堆放，不得混合堆放。

2）钢筋应尽量堆放在仓库或加工棚内，堆放时钢筋下面一定要架空，离地高度不宜小于 20mm，以防止钢筋锈蚀和污染。

3）钢筋进场要与钢筋加工能力和施工进度相适应，尽量缩短存放期，避免存放期过长使钢筋产生锈蚀。提倡厂家加工配送，可根据施工进度分批次进场，可避免长时间堆放引起的污染和锈蚀。

4）钢筋严禁与酸、盐、油类等物品堆放在一起，以免腐蚀和污染钢筋。

5）钢筋成品应按工程名称和构件名称挂牌堆放，牌上应注明构件名称、部位、钢筋形式、尺寸、钢号、直径和根数，不能将几个工程的钢筋混放在一起。

4.3 水泥

4.3.1 水泥的种类与组成

水泥是一种加水拌合后能在空气和水中硬化的粉状水硬性胶凝材料，能胶结砂、石等适当材料，凝结硬化后具有一定的强度，主要用于配置混凝土、砌筑砂浆和抹灰砂浆。水泥作为最主要的建筑材料之一，广泛应用于房屋、道路、水利和国防工程等工程建设。

水泥品种繁多，按其主要水硬性物质的不同，可分为硅酸盐水泥、铝酸盐水泥、硫铝酸盐水泥、铁铝酸盐水泥等系列，其中以硅酸盐系列水泥生产量最大，在农村建房中使用最为广泛。

硅酸盐水泥是以硅酸钙为主要成分的水泥熟料，加入一定量的混合材料和适量石膏共同磨细制成。

通用硅酸盐水泥的组分见表4-9。

硅酸盐水泥的组成 表4-9

品种	代号	字色	组分（质量分数）（%）				
			熟料+石膏	高炉矿渣	火山灰质材料	粉煤灰	石灰石
硅酸盐水泥	P·I	红色	100	—	—	—	—
	P·II		≥95	≤5	—	—	—
			≥95	—	—	—	≤5
普通硅酸盐水泥	P·O		≥80且<95	>5且≤20			
矿渣硅酸盐水泥	P·S·A	绿色	≥50且<80	>20且≤50	—	—	—
	P·S·B		≥30且<50	>50且≤70	—	—	—

续表

品种	代号	字色	组分（质量分数）(%)				
			熟料 + 石膏	高炉矿渣	火山灰质材料	粉煤灰	石灰石
火山灰质硅酸盐水泥	P · P	黑色或蓝色	≥ 60 且 <80	—	>20 且 ≤ 40	—	—
粉煤灰硅酸盐水泥	P · F		≥ 60 且 <85	—	—	>20 且 ≤ 40	—
复合硅酸盐水泥	P · C		≥ 50 且 <80	>20 且 ≤ 50			

4.3.2 常用水泥的特性及适用范围

常用水泥的特性及适用范围见表 4-10、表 4-11。

常用水泥的特性 表 4-10

特性	硅酸盐水泥	普通硅酸盐水泥	矿渣硅酸盐水泥	火山灰硅酸盐水泥	粉煤灰硅酸盐水泥
硬化	快	较快	慢	慢	慢
早期强度	高	较高	低	低	低
水化热	高	高	低	低	低
抗冻性	好	较好	差	差	差
耐热性	差	较差	好	较差	较差
干缩性	较小	较小	较大	较大	较小
抗渗性	较好	较好	差	较好	较好
腐蚀性	差	较差	好	好	好

不同水泥的适用范围　　　　　表 4-11

适用范围	硅酸盐水泥	普通硅酸盐水泥	矿渣硅酸盐水泥	火山灰硅酸盐水泥	粉煤灰硅酸盐水泥
适用范围	①地上、地下及水中的混凝土、受冻融循环的结构及早期强度要求较高的工程；②配制建筑砂浆	与硅酸盐水泥基本相同	①大体积工程；②蒸汽养护的构件；③一般地上、地下和水中的钢筋混凝土结构；④有抗硫酸盐侵蚀的工程；⑤配制建筑砂浆	①地下、水中大体积混凝土结构；②有抗渗性要求的工程；③蒸汽养护的构件；④一般混凝土及钢筋混凝土工程；⑤配制建筑砂浆	①地上、地下、水中和大体积混凝土工程；②蒸汽养护构件；③抗裂要求较高的构件；④抗硫酸盐侵蚀的工程；⑤一般混凝土工程；⑥配制建筑砂浆
不适用范围	①大体积混凝土工程；②受化学及海水侵蚀的工程；③耐热要求较高的工程；④有流动水及压力水作用的工程	同硅酸盐水泥	①早期强度要求较高的混凝土工程；②有抗冻要求的混凝土工程	①早期强度要求较高的混凝土工程；②有抗冻要求的混凝土工程；③干燥环境的混凝土工程；④有耐磨性要求的混凝土工程	①早期强度要求较高的混凝土工程；②有抗冻要求的混凝土工程；③有抗碳化要求的混凝土工程

4.3.3　水泥的鉴别和保管

（1）水泥的鉴别

1）一看水泥的包装袋是否完好，标志是否齐全（图4-2）。水泥包装袋上应清楚注明：执行标准、水泥品种、代号、强度等级、生产厂家名称、生产许可证编号、出厂编号、包装日期、净含量等内容。包装袋对水泥质量起着重要保护作用，一旦破损，水泥质量会受到影响。

2）二用手指捻水泥粉，感到有少许细、砂、粉的感觉，表明水泥细度正常。

图 4-2　水泥包装袋的要求

3）三看色泽，合格硅酸盐水泥为灰色或深灰色，如果水泥色泽发黄、发白（发黄说明熟料是生烧料、发白说明矿渣掺量过多），说明强度较低。

4）四看时间，看清水泥的生产日期。超过有效期 30 天的水泥性能有所下降。储存三个月后的水泥其强度下降 10%~20%，六个月后降低 15%~30%，一年后降低 25%~40%。国家标准规定，六大常用水泥的初凝时间均不得短于 45min，硅酸盐水泥的终凝时间不得长于 6.5h，其他五类常用水泥的终凝时间不得长于 10h。

（2）水泥的保管

水泥在运输和保管期间，不得受潮和混入杂质，不同品质和等级的水泥应分别贮运，不得混杂。散装水泥应有专用运输车，直接卸入现场特别的贮仓，分别存放。袋装水泥堆放高度一般不应超过 10 袋。存放期一般不应超过 3 个月，超过 3 个月的水泥必须经复检才能使用。

4.4　木材

4.4.1　常用木材的基本性质及树种的识别方法

（1）常用木材的基本性质

木材的种类十分复杂，在这里介绍常用的几种树种：

1）杉木：呈淡褐色与淡黄色。木纹平直，结构细致，质地较松容易加工，耐腐朽，收缩变形小。

2）松木：松木有许多品种，来源广泛。木质粗糙，纹理直行，强度适中，有弹性，着色胶结性好。缺点是收缩变形大，受潮易霉烂，并易受白蚁蛀蚀。

3）柏木：边材黄褐色，心材淡橘黄色，木材有光泽，芳香味强，木质细密坚韧，强度高。心材耐腐力很强，切削面光滑。干燥后易开裂，性脆。

4）银杏：呈褐黄与淡黄色，纹理直，结构细致，质轻、软，变形小，加工容易。

5）枣木：边材呈浅黄褐色，心材红褐色。材质软硬适中，纹理直。干燥后易开裂，耐久耐腐，边材易变色，有酸涩味，易加工。

6）樟木：有沙樟、黄樟、红樟、白樟多种。边材呈黄白色或红褐色，心材呈红褐色，樟脑味浓，不怕虫蛀，结构细致，有较好的韧性，纹理交错，美观好看。强度适中，刨削光滑，易加工。

7）水曲柳：边材呈灰白色，心材灰褐色。材质光滑，坚、韧、硬，纹理直行，易加工，耐腐朽力强。

8）麻栎：心材红褐色，边材淡黄褐色。纹理直而粗，木质硬而重。

9）槐树：纹理直，结构粗，边材淡白色，心材淡黄色。少翘曲，不开裂。边材易遭虫蛀。

10）榆树：边材宽，髓心明显，纹理直。材质坚硬，纹理直或斜。变形较大，不开裂，易遭虫蛀，耐磨损。

11）桐木：纹理直或略斜。材质轻柔，韧性好，变形小，不翘曲，刨削后光滑，耐磨损。

12）黄杨木：材色为黄褐色至淡红色，纹理直或斜，结构极其细致，木质硬而重。

（2）树种的识别方法

1）从锯截面上观察木质组成及质地的特征。

2）从木材色泽中识别，但要注意新口或旧口。旧口木材色泽比原色深，新口木材色泽较淡。

3）从木材的气味中识别，如松木有松香味，樟木有樟脑味。

4）从树皮的形状和颜色来识别。

5）从刨削后的木纹纹理识别。

4.4.2　板材、方材

板材、方材的分类见表 4-12。

板材、方材的分类　　　　　　　　　表 4-12

材种	板材（厚度 × 宽度 = $a \times b$）	方才（高度 × 宽度 = $a \times b$）
区分	按比例分： $b/a \geq 3$。 按厚度分： 薄板 $a \leq 18\text{mm}$； 中板 $a=19\sim35\text{mm}$； 厚板 $a=36\sim65\text{mm}$； 特厚板 $a \geq 66\text{mm}$	按比例分： $b/a<3$。 按乘积分（$a \times b$）： 小方 $<54\ \text{cm}^2$； 中方 $=55\sim100\ \text{cm}^2$； 大方 $=101\sim225\ \text{cm}^2$； 特大方 $>226\ \text{cm}^2$
长度（m）	针叶树：1~8，阔叶树：1~6	

4.4.3　存放木材的方法

（1）盖房或制作家具，要提前 1 年备好木材。可以把湿木材放在通风的地方或防雨棚里，过 5~6 个月以后再剥树皮。这样，木材基本上不会裂缝。然后可以根据用途，把木材锯成规格木料，放半年后即可使用。如图 4-3 所示。

（2）锯好的木材可以用绳子或铅丝捆好，中间放上筷子一样大小的边料，使木材之间保持通风，便于蒸发水分，防止木料弯曲变形。如图 4-4 所示。

（3）木材弯曲变形处理。板材产生凹形，可以在凹的一面加点水，再把凸的一面在太阳光下晒或在火中烤，凹面得到水膨胀，凸

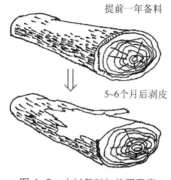

提前一年备料

5~6个月后剥皮

图 4-3　木材备料与使用示意

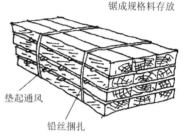

锯成规格料存放

垫起通风

铅丝捆扎

图 4-4　防止木料弯曲变形

面受到热收缩，板就开始挺直，便可使用。对于弯曲变形较大的木料，也可以同时采用烘烤与施加重物使其反向弯曲变形的方法处理，如图 4-5 所示。

4.4.4　木材的自然干燥

只要将木材合理堆放在阳光充足、通风良好、排水流畅、坚实平整的场地，经过一定时间就可以使木材干燥，达到工程用料的要求。自然干燥的几种方法：

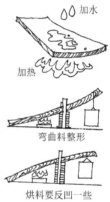

加水

加热

弯曲料整形

烘料要反凹一些

图 4-5　木材变形处理

（1）井字形堆积法和三角形堆积法，如图 4-6 所示。

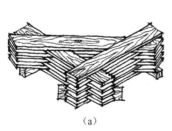

（a）

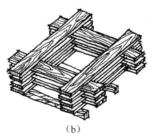

（b）

图 4-6　三字形和井字形堆积法

（2）架立堆积法（图 4-7），将木板立起，相对间隔靠架子斜放，上部应有遮雨棚。采用这种方法干燥时间长，适用于较薄的板材，尤其对不急于使用的，干燥效果更好。

（3）分层纵横交叉堆积法，这种方法适用于原木和木方，如图 4-8 所示。

图 4-7　架立堆积法

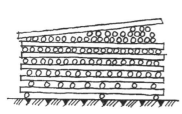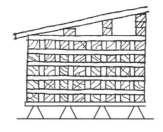

图 4-8　原木和方木分层纵横交叉堆积

4.4.5　木材的防腐

（1）木材腐朽的原因

木材腐朽为真菌侵害所致。真菌分霉菌、变色菌和腐朽菌三种，前两种真菌对木材质量影响较小，腐朽菌影响很大。真菌在木材中生存和繁殖必须具备三个条件，即适当的水分、足够的空气和适宜的温度。

此外，木材还易受到白蚁、天牛等昆虫的蛀蚀，使木材形成很多孔眼或沟道，甚至蛀穴，破坏木质结构的完整性而使强度严重降低。

（2）木材简单防腐方法

木材防腐的基本原理在于破坏真菌及虫类生存和繁殖条件，常用方法有：

1）保持木材干燥。应把木材置于通风、干燥的条件下，使它的含水率降到 18% 以下。对于房屋结构中的木构件应做好防潮、防雨措施。

2）涂刷法。这种方法在建筑工地应用最广，凡木材与混凝土、砖、石砌体接触部分均可用此法。可以使用煤焦油涂抹在木材表面，能起杀菌防潮作用，一般至少涂刷两遍。

3）常温浸渍法。此法是将经自然或人工干燥的木材浸渍在常温的防腐剂中，浸渍的时间可以是几小时，也可以是几天。常用防腐、防虫药剂及适用范围见表4-13。

木材常用的防腐、防虫药剂及适用范围　　　　表4-13

药剂类别	药剂代号	药剂名称	配方组成（%）（按质量计）	处理液浓度（%）	药剂特点及适用范围
水剂	W-1	硼酚合剂	硼酸 30 硼砂 35 五氯酚钠 35	5~6	不耐水，仅适用于室内条件下的防腐、防虫处理
	W-2	氟酚合剂	五氯酚钠 60 氟化钠 35 碳酸钠 5	4~5	较耐水，对木腐菌的效力较大，适用于室内条件下的防腐、防虫处理
	W-3	铜铬硼合剂	硫酸铜 35 重铬酸钠 56 硼酸 25	5~6	耐水，对木腐菌的效力较大，但处理的木材呈褐色，适用于室内、外条件
	W-4A	铜铬砷合剂（A型）	硫酸铜 33 重铬酸钠 56 五氧化二砷 11	4~5	耐水，具有持久而稳定的防腐、防虫效力，适用于室内、外条件
	W-4B	铜铬砷合剂（B型）	硫酸铜 22 重铬酸钠 33 五氧化二砷 45	4~5	耐水，具有持久而稳定的防腐、防虫效力，适用于室内、外条件更适用于白蚁危害严重的地区

药剂类别	药剂代号	药剂名称	配方组成（%）（按质量计）	处理液浓度（%）	药剂特点及适用范围
油剂	OS-1	五氯酚林丹合剂	五氯酚 5 林丹 1 柴油或蒽油 94	—	耐水，防腐、防虫效力可靠而持久。可用于处理与砌体接触的木构件。若采用蒽油为溶剂，则仅用于室外
	OS-2	木材防腐油或蒽油	煤焦油的蒸馏物	—	耐水，防腐、防虫效力稳定而持久，但有恶臭，仅限室外使用
乳剂	E-1	二氯苯醚菊酯	二氯苯醚菊酯 10 溶剂及乳化剂 90	0.1	为低毒高效杀虫剂。对昆虫有强烈触杀效力，但对真菌无效
浆膏	P-1	氟化钠浆膏	氟化钠 40 砷酸钠 10 3 号石油沥青 22 柴油 28	—	药剂借扩散作用渗入木材。适用于局部的防腐、防虫处理，如柱脚、屋架支座节点、构件与砌体接触面等，效果十分显著

4.4.6　木材的防火

（1）结构防火措施：在设计和建造建筑物时，应该使木构件远离热源，或用砖石、混凝土、石棉板和金属等做成隔离板。

（2）用防火剂或防火涂料处理：一般使用酸式磷酸铵、硫酸铝、氯化铵和硼砂等防火剂。这些防火剂可在遇火时在木材表面形成薄膜，达到防火的目的。如图 4-9 所示。

图 4-9　木材防火处理

4.5　混凝土

4.5.1　混凝土常用材料

普通混凝土是由水泥、细骨料（砂）、粗骨料（石子）、水及外加剂，按一定比例搅拌硬化后，凝结而成的人造石。

（1）水泥

见本章 4.3 节。

（2）砂

1）砂的分类：砂按产地不同，可分为山砂、海砂与河砂。山砂含有较多粉状黏土和有机质；河砂中所含杂质较少，使用最多。按直径不同，分为粗砂、中砂和细砂三种，粗砂的平均直径不小于 0.5mm，中砂的平均直径不小于 0.35mm，细砂的平均直径不小于 0.25mm。

2）砂的选用：混凝土宜选用中粗砂。一般来说，用粗砂拌制混凝土比用细砂所需的水泥浆少。但砂子过粗，易使混凝土拌合物产生离析、泌水等现象，影响混凝土的和易性。所以，混凝土用砂不宜过细，也不宜过粗。而且砂子购买时应注意含泥量的控制，一般砂子含泥量不得超过 1%。

（3）石子

1）石子的分类：混凝土中的石子分为卵石和碎石。卵石表面光滑，少棱角，便于混凝土的泵送和浇筑，但与水泥的胶结较差，且含泥量较高，适合于拌制较低强度混凝土；碎石表面粗糙，多棱角，与水泥胶结牢固，在相同条件下比卵石拌制的混凝土强度高。石子按粒径分为 5~10mm、5~16mm、5~20mm、5~25mm、5~31.5mm 几种级别。

2）石子的选用：根据规定，混凝土用粗骨料（即石子）最大粒径一般不得超过构件截面最小尺寸的 1/4，且不得超过钢筋间最小净距的 3/4。对混凝土实心板，可允许采用最大粒径达 1/3 板厚的骨料，但最大粒径不得超过 40mm。石子含泥量不得超过 1%，而且石子使用前应冲洗干净。

（4）拌制混凝土用水

拌制混凝土用水应该是无杂质的洁净水，未经处理的海水严禁使用。

（5）外加剂

1）外加剂的分类：外加剂是一种用量小、作用大的化学制剂，掺用要准确，否则会影响混凝土的性能。外加剂包括减水剂、早强剂、引气剂、缓凝剂、防冻剂、膨胀剂等。

2）外加剂的选用：配制混凝土可根据需要选择外加剂，常用如混凝土减水剂。外加剂的用量必须严格控制，一般掺量不得大于水泥用量的 5%。其次，掺用外加剂的混凝土必须搅拌均匀。

4.5.2　混凝土的分类及性质

（1）混凝土分类

混凝土按结构可分为普通混凝土、细粒混凝土、大孔混凝土和多孔混凝土。按施工方法可分为现浇混凝土、预制混凝土、泵送混凝土和喷射混凝土。农村建房常用的混凝土为中低强度普通混凝土。

（2）混凝土的和易性

1）概念：混凝土拌和物应具有一定的弹性、塑性和黏性。这些性质综合起来通常叫作和易性。和易性是混凝土拌合物的一种综合技术性质，包括黏聚性、流动性与保水性三方面的含义。黏聚性是指混凝土拌合物所表现的黏聚力，这种黏聚力使混凝土在浇筑时不致出现离析现象。流动性是指混凝土拌合物在自重或机械振捣的作用下，产生流动并均匀密实地填充模板各个角落的能力。保水性是指混凝土拌合物保持水分不易析出的能力。保持水分的能力一般以稀浆析出的程度来测定。

2）和易性的选用：混凝土的和易性是一项综合性指标，一般以坍落度的大小来表示。混凝土浇筑时的坍落度宜按表4-14选用。现场施工如因气温过高造成混凝土流动性减小，或人工捣实需要加大混凝土流动性时，最简单的方法是增加同配比水泥浆，绝对不能采用简单加水的方法。

现场拌制混凝土的坍落度要求   表4-14

结构种类	坍落度（mm）
基础或地面等的垫层、无配筋的大体积结构（挡土墙、基础等）或配筋稀疏的结构	10~30
板、梁和大型及中型截面的柱子等	30~50
配筋密列的结构（薄壁、斗仓、筒仓、细柱等）	50~70
配筋特密的结构	70~90

注：以上仅供参考，不同的施工部位，不同的施工工艺，其坍落度是不一样的。采用泵送混凝土，其坍落度在150~180mm。

（3）混凝土的强度等级

1）混凝土的立方体抗压强度：混凝土的强度有抗压强度、抗拉强度、抗剪强度及与钢筋的粘结强度等。混凝土的抗压强度按立方体抗压强度标准值来划分，可分为C15、C20、C25、C30、C35、C40、C45、C50、C55、C60、C65、C70、C75、C80十四个等级。其中"C"表示混凝土，后面的数字则表示其抗压强度指标，如C20

表示该混凝土的立方体抗压强度标准值为 20MPa。

农村中主要使用的混凝土为中低强度，一般强度等级为 C15、C20、C25 三种，C30 以上由于拌制工艺要求严格且造价高，在农房建造中较少使用。

2）影响混凝土抗压强度的主要因素包括：水泥强度、水灰比、骨料种类及性质、养护湿度和温度、养护龄期、外加剂等。另外，混凝土的强度还与施工方法和施工质量有着密切的关系，尤其是施工过程中的振捣工艺，会显著影响混凝土的均匀性、密实性和硬化后的强度及耐久性。

（4）混凝土的耐久性

混凝土的耐久性包括混凝土的抗渗性、抗冻性、抗侵蚀性和抗碳化性。一般情况下，混凝土拌合物中的有害成分越少，振捣越密实，混凝土的强度越高，耐久性越好。

4.5.3　混凝土的配合比设计

混凝土的配合比是指混凝土中各组成材料之间的比例关系。混凝土的配合比通常用每立方米混凝土中各种材料的用量或者用量的比例来表示。

（1）配合比设计的基本参数

普通混凝土的配合比，可由水灰比、用水量、砂率三个基本参数来控制。

1）水灰比：水灰比是指水和水泥的比值，它是影响混凝土和易性、强度和耐久性的主要因素。

2）用水量：用水量是指每立方米混凝土拌合物中水的用量。在水灰比确定后，混凝土中单位用水量也就表示水泥浆和集料之间的比例关系。

3）砂率：砂率是指砂子占沙石总量的百分比。

（2）配合比选用参考

农房建设常用的中低强度混凝土的配合比选用可参考表 4-15、

表4-16。表中给出的配合比相对应的混凝土坍落度为35~50mm。

混凝土配合比参考表（卵石）　　表 4-15

混凝土强度等级	卵石粒径（mm）	水泥强度等级	每立方米混凝土材料用量			
			水（kg）	水泥（kg）	石子（kg）	砂（kg）
C15	20	32.5	180	310	651	1209
		42.5	180	250	749	1171
	40	32.5	160	276	651	1263
		42.5	160	222	748	1220
C20	20	32.5	180	367	593	1260
		42.5	180	295	693	1232
	40	32.5	160	327	593	1320
		42.5	160	262	692	1286
C25	20	32.5	180	439	570	1211
		42.5	180	353	616	1251
	40	32.5	160	390	555	1295
		42.5	160	314	655	1271
C30	20	32.5	180	400	582	1238
		52.5	180	333	623	1264
	40	32.5	160	356	584	1300

混凝土配合比参考表（碎石）　　表 4-16

混凝土强度等级	碎石粒径（mm）	水泥强度等级	每立方米混凝土材料用量			
			水（kg）	水泥（kg）	石子（kg）	砂（kg）
C15	20	32.5	195	295	725	1135
		42.5	195	229	770	1156

续表

混凝土强度等级	碎石粒径（mm）	水泥强度等级	每立方米混凝土材料用量			
			水（kg）	水泥（kg）	石子（kg）	砂（kg）
C15	40	32.5	175	265	688	1222
		42.5	175	206	788	1181
C20	20	32.5	195	361	645	1199
		42.5	195	279	751	1175
	40	32.5	175	324	627	1274
		42.5	175	250	750	1225
C25	20	32.5	195	443	564	1198
		42.5	195	342	652	1202
	40	32.5	175	398	555	1261
		42.5	175	307	566	1247
C30	20	32.5	195	398	671	1211
		52.5	195	320	697	1188
	40	32.5	175	357	598	1270

4.5.4　混凝土的养护

（1）混凝土养护的作用

混凝土的养护是混凝土工艺中的一个重要环节。混凝土浇筑后，逐步凝固、硬化以致产生强度，这个过程是由水泥的水化作用来实现的。水化作用必须有适宜的温度和湿度。混凝土养护的目的就是要创造各种条件，让水泥充分水化，加速混凝土硬化，防止在混凝土成型后因暴晒、风吹、干燥、寒冷等自然因素的影响，出现不正常的收缩、裂缝、破坏等现象。

（2）混凝土养护

农房建造过程中，对混凝土构件通常采用自然养护的方法，一般应在混凝土浇筑完成后 12h 以内进行覆盖浇水养护。浇水次数应能保持混凝土处于湿润状态，混凝土养护用水与拌制用水相同。混凝土浇水养护的时间，采用硅酸盐水泥 普通硅酸盐水泥或矿渣硅酸盐水泥拌制的混凝土，不得少于 7d，对掺用缓凝型外加剂或有抗渗要求的混凝土不得少于 14d。

4.6 建筑砂浆

建筑砂浆是由无机胶凝材料、细骨料和水，有时也掺入某些掺合料组成。建筑砂浆常用于砌筑墙体或建筑物内外表面（如墙面、地面、顶棚）的抹灰，大型墙板、砖石墙的勾缝，以及装饰材料的粘结等。

砂浆的种类很多，根据用途不同可分为砌筑砂浆、抹面砂浆。根据胶凝材料不同可分为水泥砂浆、石灰砂浆、混合砂浆等。

4.6.1 砌筑砂浆

将砖、石、砌块等粘结成砌体的砂浆称为砌筑砂浆。它起着粘结和传递荷载的作用，是砌体的重要组成部分。主要品种有水泥砂浆和水泥混合砂浆。水泥砂浆是由水泥、细骨料和水配制成的砂浆，一般用于基础、长期受水浸泡的部位和承受较大外力的砌体。水泥混合砂浆是由水泥、细骨料、掺加料及水配制成的砂浆，一般用于地面以上的砌体施工。

（1）砌筑砂浆的组成材料

1）水泥：水泥是砂浆的主要胶凝材料，一般选择中低强度的水泥即可满足设计要求。

2）其他胶凝材料及掺加料：为改善砂浆的和易性，减少水泥用量，通常掺入一些廉价的其他胶凝材料（如石灰膏、黏土膏等）制成混合砂浆。

3）细骨料：砂浆常用的细骨料为普通砂，对特种砂浆也可选用白色或彩色砂、轻砂等。砌筑砂浆用砂宜选用中砂，其中毛石砌体宜选用粗砂，其含泥量不应超过 5%。

4）水：应选用无有害杂质的洁净水。

（2）砌筑砂浆性质

经拌成后的砂浆应具有以下性质：满足和易性要求；满足设计种类和强度等级要求；具有足够的粘结力。

1）新拌砂浆应具有良好的和易性。和易性良好的砂浆容易在粗糙的砖石底面上铺设成均匀的薄层，而且能够和底面紧密粘结，便于施工操作，保证工程质量。砂浆和易性包括流动性和保水性。

砂浆的流动性（又称稠度）是指砂浆在自重或外力作用下产生流动的性能。砂浆流动性的选择与砌体材料及施工气候情况有关，一般根据施工操作经验来确定。砌筑砂浆的稠度可参考表 4-17。

砌筑砂浆的稠度 表 4-17

砌体种类	砂浆稠度（mm）
烧结普通砖砌体	70~90
轻骨料混凝土小型空心砌块砌体	60~90
烧结多孔砖、空心砖砌体	60~80
烧结普通砖平拱式过梁； 空斗墙、筒拱； 普通混凝土小型空心砌块砌体； 加气混凝土砌块砌体	50~70
石砌体	30~50

新拌砂浆能够保持水分的能力称为保水性，保水性也指砂浆中各项组成材料不易分离的性质。新拌砂浆在存放、运输和使用的过程中，必须保持其中的水分不致很快流失，才能形成均匀密实的砂浆缝，保证砌体质量。

2）砂浆的强度：

砂浆在砌体中起着传递荷载的作用，因此应具备一定的粘结强度、抗压强度和耐久性。砌筑砂浆强度等级有 M20、M15、M10、M7.5、M5。农村主要使用的砌筑砂浆强度等级为 M10、M7.5、M5。

3）砂浆粘结力：

砖石砌体靠砂浆把许多块状材料粘结形成坚固整体，因此要求砂浆对于砖石必须有一定的粘结力。砂浆粘结力随其强度的增大而提高，而且与砖石的表面状态、洁净程度、湿润情况及养护条件有关。因此，砌筑前砖要浇水湿润，其含水率控制在 10%~15% 左右，表面不沾泥土，以提高砂浆和砖之间的粘结力，保证砌筑质量。

（3）砌筑砂浆配合比设计

《砌筑砂浆配合比设计规程》JGJ/T 98—2010 规定，砂浆的配合比以质量比表示。常用砌筑砂浆的配合比，可参考表 4-18 和表 4-19 选用。

常用水泥石灰混合砂浆参考配合比   表 4-18

砂浆强度等级	水泥强度等级	每立方米材料用量								
		粗砂			中砂			细砂		
		水泥（kg）	石灰（kg）	砂（kg）	水泥（kg）	石灰（kg）	砂（kg）	水泥（kg）	石灰（kg）	砂（kg）
M2.5	32.5	183	147	1510	190	155	1450	197	163	1390
	42.5	140	190	1510	145	200	1450	151	209	1390
M5.0	32.5	212	118	1510	221	124	1450	229	131	1390
	42.5	162	168	1510	169	176	1450	175	185	1390
M7.5	32.5	242	88	1510	251	94	1450	261	99	1390
	42.5	185	145	1510	192	153	1450	200	160	1390
M10	32.5	271	59	1510	282	63	1450	293	67	1390
	42.5	207	123	1510	216	129	1450	224	136	1390

常用水泥砂浆参考配合比 表 4-19

水泥砂浆							
砂浆强度等级	水泥强度等级	每立方米材料用量					
		粗砂		中砂		细砂	
		水泥（kg）	砂（kg）	水泥（kg）	砂（kg）	水泥（kg）	砂（kg）
M2.5	32.5	253	1585	260	1522	268	1459
	42.5	206	1585	212	1522	218	1459
M5.0	32.5	276	1585	284	1522	292	1459
	42.5	227	1585	234	1522	240	1459
M7.5	32.5	299	1585	308	1522	317	1459
	42.5	248	1585	255	1522	262	1459
M10	32.5	322	1585	332	1522	341	1459
	42.5	268	1585	276	1522	284	1459

注：1. 本表中给出的配合比仅供参考用，施工配合比应由工地试验后提供。

2. 本表中给出的砌筑砂浆配合比按施工水平一般等级考虑；石灰膏稠度为 120mm；砂子的含水率为 5%。

4.6.2 抹面砂浆

普通抹面砂浆是以薄层抹在建筑物内外表面，保持建筑物不受风、雨、雪、大气等有害介质侵蚀，提高建筑物的耐久性，并使其表面平整美观。按所用材料不同，可分为石灰砂浆、水泥混合砂浆、水泥砂浆、麻刀石灰砂浆和纸筋石灰砂浆。按功能不同，可分为底层抹面砂浆、中层抹面砂浆和面层抹面砂浆。

抹面砂浆的选用：用于砖墙的底层抹灰，多选石灰砂浆；有防水、防潮要求时选水泥砂浆；混凝土基层的底层抹灰，多选水泥混合砂浆；中层抹灰多选石灰砂浆或水泥混合砂浆；面层抹灰多用水泥混合砂浆、麻刀灰和纸筋灰。水泥砂浆不得涂在石灰砂浆层上。在易碰撞或潮湿部位应采用水泥砂浆。

常用抹面砂浆的配合比可参考表4-20。

各种抹面砂浆配合比参考表 表4-20

材　料	配合比（体积比）	应用范围
石灰：砂	1：2～1：4	用于砖石墙表面（檐口、勒脚、女儿墙以及潮湿房间的墙除外）
石灰：黏土：砂	1：1：4～1：1：8	干燥环境的墙表面
石灰：石膏：砂	1：0.4：2～1：1：3	用于不潮湿房间木质表面
石灰：石膏：砂	1：0.6：2～1：1：3	用于不潮湿房间的墙及顶棚
石灰：石膏：砂	1：2：2～1：2：4	用于不潮湿房间的线脚及其他修饰工程
石灰：水泥：砂	1：0.5：4.5～1：1：5	用于檐口、勒脚、女儿墙外脚以及比较潮湿的部位
水泥：砂	1：3～1：2.5	用于浴室、潮湿车间等墙裙、勒脚等或地面基层
水泥：砂	1：2～1：1.5	用于地面、顶棚或墙面面层
水泥：砂	1：0.5～1：1	用于混凝土地面随时压光
水泥：石膏：砂：锯末	1：1：3：5	用于吸声粉刷
水泥：白石子	1：2～1：1	用于水磨石（打底用1：2.5水泥砂浆）

4.7　砖、砌块及石料

4.7.1　砖

（1）烧结普通砖（图4-10）的主要技术性质

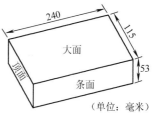

（单位：毫米）

图4-10　烧结普通砖

1）外观质量和尺寸偏差

烧结普通砖的优等品必须颜色基本一致，外观质量和尺寸偏差应符合表 4-21 的要求。

2）强度等级

烧结普通砖按抗压强度分为：MU30、MU25、MU20、MU15、MU10、MU7.5 六个强度等级。各强度等级应符合表 4-22 所列数值。

3）耐久性指标

烧结普通砖的耐久性指标应符合表 4-23 的要求。

烧结普通砖外观质量和尺寸偏差（mm） 表 4-21

项　　目	优等品		一等品		合格品	
	样本平均偏差	样本极差≤	样本平均偏差	样本极差≤	样本平均偏差	样本极差≤
（1）尺寸偏差 长度 240 宽度 115 高度 53	±2.0 ±1.5 ±1.5	8 6 4	±2.5 ±2.0 ±1.6	8 6 5	±3.0 ±2.5 ±2.0	8 6 5
（2）两条面高度差，不大于	2		3		5	
（3）弯曲，不大于	2		3		5	
（4）杂质凸出高度，不大于	2		3		5	
（5）缺棱掉角的三个破坏尺寸，不得同时大于	15		20		30	
（6）裂纹长度，不大于 ①大面上宽度方向及其延伸至条面的长度 ②大面上长度方向及其延伸至顶面的长度或条、顶面水平裂纹长度	70 100		70 100		110 150	
（7）完整面	一条面和一顶面		一条面和一顶面		—	
（8）颜色	基本一致		—		—	

烧结普通砖强度等级（MPa）　　　表 4-22

强度等级	抗压强度平均值 $f \geqslant$	变异系数 $\delta \leqslant 0.21$	变异系数 $\delta > 0.21$
		抗压强度标准值 $f_k \geqslant$	单块最小抗压强度值 $f_{min} \geqslant$
MU25	25.0	18.0	22.0
MU20	20.0	14.0	16.0
MU15	15.0	10.0	12.0
MU10	10.0	6.5	7.5

烧结普通砖的耐久性指标　　　表 4-23

项目	鉴别指标	项目	鉴别指标
抗冻性	经 15 次冻融循环后，每块砖样均须符合下列要求：（1）干重损失率不大于 2%。（2）被冻裂砖样裂纹长度不大于合格品的规定	石灰爆裂	（1）优等品：①具有最大直径为 2~5mm 的爆裂点不超过 2 处的砖样不得多于 2 块，且爆裂不得在同一条面或顶面上出现。②具有最大直径为 5~10mm 的爆裂点 1 处砖样不得多于 1 块。③在各面上不允许有最大直径大于 10mm 的爆裂点。（2）一等品：①具有最大直径为 5~10mm 的爆裂点不超过 2 处的砖样不得多于 2 块，且爆裂点不得在同一条面或顶面上出现。②在各面上不允许有最大直径大于 10mm 的爆裂点。（3）合格品：在条面和顶面上不得出现最大直径大于 10mm 的爆裂点
泛霜	（1）优等品：每块砖样不允许出现轻微泛霜。（2）一等品：每块砖样不允许出现中等泛霜。（3）合格品：每块砖样不允许出现严重泛霜		
吸水率	每组砖样的平均吸水率：（1）优等品：不大于 22%。（2）一等品：不大于 25%。（3）合格品：无要求		

注：砖内部的可溶盐随水分向外析出而沉积在砖的表面，水分蒸发后留下白色粉末或絮片状的盐，这种现象称为"泛霜"。泛霜严重影响砖墙的强度与耐久性能。

（2）烧结多孔砖主要技术性质

1）外观质量和尺寸偏差

烧结多孔砖尺寸偏差、外观质量应符合表 4-24、表 4-25 的要求。

烧结多孔砖的尺寸偏差（mm） 表 4-24

尺寸	优等品		一等品		合格品	
	样本平均偏差	样本极差≤	样本平均偏差	样本极差≤	样本平均偏差	样本极差≤
290、240	±2.0	6	±2.5	7	±3.0	8
190、180 175、115	±1.5	5	6	±2.0	±2.5	7
90	±1.5	4	±1.7	5	±2.0	6

烧结多孔砖的外观质量（mm） 表 4-25

项　目	优等品	一等品	合格品
（1）颜色（一条面和一顶面）	一致	基本一致	—
（2）完整面不得少于	一条面和一顶面	一条面和一顶面	—
（3）缺棱掉角的三个破坏尺寸不得同时大于	15	20	30
（4）裂纹长度不大于 a. 大面上深入孔壁 15mm 以上，宽度方向及其延伸到条面的长度；	60	80	100
b. 大面上深入孔壁 15mm 以上，长度方向及其延伸到顶面的长度；	60	100	120
c. 条、顶面上的水平裂纹	80	100	120
（5）杂质在砖面上造成的凸出高度不大于	3	4	5

2）强度等级

烧结多孔砖按抗压强度分为：MU30、MU25、MU20、MU15、MU10、MU7.5 六个强度等级。各强度等级应符合表 4-26 所列数值。

烧结多孔砖的强度标准

表 4-26

产品 等级	强度 等级	抗压强度（MPa）		抗折荷重（kN）	
		平均值 不小于	单块最小 不小于	平均值 不小于	单块最小值 不小于
优等品	MU30	30.0	22.0	13.5	9.0
	MU25	25.0	18.0	11.5	7.5
	MU20	20.0	14.0	9.5	6.0
一等品	MU15	15.0	10.0	7.5	4.5
	MU10	10.0	6.0	5.5	3.0
合格品	MU7.5	7.5	4.5	4.5	2.5

3）耐久性指标

烧结多孔砖的耐久性要求同烧结普通砖，见表4-23。

（3）烧结空心砖和烧结多孔砖的比较

烧结空心砖和烧结多孔砖名称相近，但实物相去甚远（图4-11、图4-12），性能也差异较大，使用中不能混淆。烧结普通砖和烧结多孔砖可用于承重墙砌筑，烧结空心砖一般仅用于砌筑非承重墙。注意认清烧结多孔砖与烧结空心砖，以便正确选用。在农村中砌墙所用烧结普通砖强度等级不应低于MU7.5。见表4-27。

图4-11　烧结空心砖　　　　　图4-12　烧结多孔砖

烧结多孔砖与烧结空心砖比较

表 4-27

品　种	多孔砖	空心砖
孔洞方向	竖向	横向
孔洞个数	多	少

品　　种	多孔砖	空心砖
单个孔洞的大小	小	大
应用	承重墙	非承重墙
强度等级	MU7.5、MU10、MU15、MU20	MU3.0、MU5.0、MU7.5

4.7.2　混凝土砌块

（1）混凝土小型空心砌块（图 4-13）

图 4-13　混凝土小型空心砌块

混凝土小型空心砌块以水泥、砂、石子为原料，加水搅拌、成型、养护而成。目前常用的有承重与非承重两种。承重砌块的主要规格有 390mm×190mm×190mm；非承重砌块的规格为 390mm×90mm×190mm 及 190mm×190mm×190mm 两种。按《普通混凝土小型砌块》GB/T 8239-2014 的规定，砌块抗压强度划分为 5.0、7.5、10.0、15.0、20.0、25.0、30.0、35.0 和 40.0 九个标号。

小型空心砌块使用灵活，砌筑方便，适用于农房建筑。目前在缺土山区、高原植被脆弱地区使用较多。

（2）混凝土中型空心砌块

混凝土中型空心砌块的制作工艺与小型空心砌块基本相同，但生产设备不同。中型砌块的规格为：长度：500、600、800、1000mm；高度：400、450、800、900mm；宽度：200、240mm。由于尺寸较大，搬运、砌筑不方便，中型空心砌块在农房建设中很少使用。

（3）加气混凝土砌块

蒸压加气混凝土砌块是以粉煤灰、石灰、水泥、石膏、矿渣等为主要原料，加入适量发气剂、调节剂、气泡稳定剂，经配料搅拌、浇筑、静停、切割和高压蒸养等工艺过程而制成的一种轻质多孔混凝土制品。加气混凝土砌块一般质量为 $500\sim800kg/m^3$，只相当于黏土砖和灰砂砖的 $1/4\sim1/3$，普通混凝土的 $1/5$，常做非承重墙使用，或作为墙体、屋面保温材料使用。规格尺寸为：长度：600mm；宽度100、120、125、150、180、200、240、250、300mm；高度：200、240、250、300mm。

4.7.3　石材

开采天然岩石而得的毛料或经加工制成块状、板状的石料，统称天然石材。天然石材具有较高硬度、抗压强度和耐久性。在农房建设中可就地取材，且价格低廉。

（1）毛石

毛石是不成形的石料，是开采以后的自然状态。形状不规则的毛石称为乱毛石，有两个大致平行面的称为平毛石。

1）乱毛石：不能用来砌墙，可以用来填方或砌筑尺寸较大的基础，也可用作毛石混凝土（图4-14）。

2）平毛石：是乱毛石略经加工而成，其形状基本上有六个面，但表面粗糙（图4-15）。常用于砌筑基础、墙身、勒角、桥墩、涵洞等。

图4-14　乱毛石

图4-15　平毛石

（2）料石

料石（又称条石）是由人工或机械开采出的较规则的六面体石块，略加凿琢而成。按其加工后的外形规则程度分为毛料石、粗料石、半细料石和细料石四种，主要用于砌筑墙身、踏步、地坪、拱券等。

1）毛料石：外形大致方正，一般不加工或仅稍加修整，高度不应小于 200mm，叠砌面凹入深度不大于 25mm。

2）粗料石：其截面的高度、宽度应不小于 200mm，且不小于长度的 1/4，叠砌面凹入深度不大于 20mm。

3）半细料石：规格尺寸同上，叠砌面凹入深度不应大于 15mm。

4）细料石：通过细加工，外形规则，规格尺寸同上，叠砌面凹入深度不大于 10mm。

（3）石材的技术性能

常用石材的性能见表 4-28。

石材的性能　　　　　　　　表 4-28

石材名称	密度（kg/m³）	抗压强度（MPa）
花岗石	2500~2700	120~250
石灰岩	1800~2600	22~140
砂岩	2400~2600	47~140

（4）石材的选用

石结构农房使用的石材应质地坚实，无风化、剥落和裂纹，其形状不能过于细长、扁薄、尖锥或接近圆形；尽量选用料石或平毛石，乱毛石、卵石不应用来砌筑墙体。

4.8　石灰与石膏

4.8.1　石灰

（1）石灰的品种

石灰是对石灰岩、贝壳石灰岩等岩石煅烧之后得到的材料。建筑用的石灰有：生石灰（块灰），生石灰粉，熟石灰（又称消石灰、水化石灰）和石灰膏等。

通常把白色轻质的块状石灰称为块灰；以块灰为原料经粉碎，磨细制成的生石灰称为磨细生石灰粉或建筑生石灰粉。如图4-16所示。

图4-16　生石灰块与生石灰粉

（2）石灰的熟化

使用石灰时，把生石灰加水，使之生成熟石灰，这一过程称为石灰的熟化，俗称"淋灰"。石灰熟化会放出大量的热，体积膨胀1~2倍，质量增加约1.3倍。

根据加水量的不同，石灰可熟化成消石灰粉或石灰膏。石灰熟化的理论需水量为石灰重量的32%。在生石灰中，均匀加入60%~80%的水，可得到颗粒细小、分散均匀的消石灰粉。若用过量的水熟化，将得到具有一定稠度的石灰膏。石灰中一般都含有过火石灰，过火石灰熟化慢，若在石灰浆体硬化后再发生熟化，会因熟化产生的膨胀而发生隆起和开裂。为了消除过火石灰的这种危害，石灰在熟化后，还应"陈伏"2周左右。

（3）石灰的硬化

石灰浆体在空气中通过凝结、碳化而逐渐具有一定强度的过程，称为石灰的硬化。石灰浆体的硬化包括干燥结晶和碳化两个同时进行的过程。结晶过程主要在浆体内部发生，析出的晶体数量少，对强度的贡献不大。

在大气环境中，氢氧化钙在潮湿状态下会与空气中的二氧化碳反应生成碳酸钙，并释放出水分，即发生碳化。由于空气中的二氧化碳含量稀薄，碳化过程十分缓慢，同时石灰浆表面一旦碳化即形成坚硬外壳，阻止了二氧化碳的渗入及内部水分的析出，进而影响到碳化过程的持续发展，因此碳化过程长时间只限于石灰浆体表面。

（4）石灰的应用范围

1）粉刷墙体和配制砂浆：

用熟化并陈伏好的石灰膏，稀释成石灰乳，可以用于室内的粉刷；以石灰膏为胶凝材料，掺入砂和水，拌合成砂浆，称为石灰砂浆，用于墙面、顶棚等暴露在空气中的抹灰层；在水泥砂浆中掺入石灰膏后，制成水泥混合砂浆，提高水泥砂浆的保水性和砌筑、抹灰质量，节省水泥。

2）配制灰土和三合土：

熟石灰还可用来配制灰土（熟石灰＋黏土）和三合土（熟石灰＋黏土＋砂、石或炉渣等填料），用来进行地基的置换或加固。

（5）石灰的验收、储存

1）建筑生石灰粉、建筑消石灰粉一般采用符合标准规定的牛皮纸袋、复合纸袋或塑料编织袋包装，袋上应标明厂名、产品名称、商标、净重、批量编号等。

2）在石灰的储存和运输中必须注意，生石灰要在干燥的环境中储存和保管。运输中要有防雨措施。要防止石灰受潮或遇水后水化。磨细生石灰粉在干燥条件下储存期一般不超过一个月，最好是随生产随用。由于生石灰遇水发生反应放出大量的热，所以生石灰不宜与易燃易爆物品共存，以免酿成火灾或爆炸。

4.8.2　石膏

建筑上常用的石膏，主要是由天然二水石膏（或称生石膏）经过煅烧、磨细而制成的。

（1）建筑石膏的技术要求

建筑石膏呈洁白粉末状，属轻质材料。主要技术要求包括：细度、凝结时间和强度。常用不同等级建筑石膏的技术指标见表4-29所示。

建筑石膏物理力学性能（GB/T 9776-2008）　　表4-29

等级	细度（0.2mm 方孔筛筛余）（%）	凝结时间 min		2h 强度（MPa）	
		初凝	终凝	抗折	抗压
3.0				≥ 3.0	≥ 6.0
2.0	≤ 10	≥ 3	≤ 30	≥ 2.0	≥ 4.0
1.6				≥ 1.6	≥ 3.0

建筑石膏产品的标记顺序为：产品名称、抗折强度、标准号。例如抗折强度为 2.5MPa 的建筑石膏记为：建筑石膏 2.5GB 9776。

（2）石膏的凝结与硬化

建筑石膏与适量的水混合后，起初形成均匀的石膏浆体，接着石膏浆体又会逐渐产生凝结，当浆体的水分蒸发后，石膏就已经完全硬化。

（3）用途

建筑石膏在工程中可用作室内抹灰、粉刷、油漆打底等材料，还可以制造建筑装饰制品、石膏板等。

（4）石膏的保管和使用

建筑石膏易受潮吸湿，凝结硬化快，因此在运输、贮存的过程中，应注意避免受潮。石膏长期存放，强度也会降低，一般贮存三个月后，强度下降 30% 左右。所以，建筑石膏贮存时间不得过长，若超过三个月，应重新检验并确定其等级。

4.9　建筑装修材料

4.9.1　建筑陶瓷

建筑陶瓷是以黏土为主要原料，经配料、制坯、干燥、焙烧而制成的工程材料。建筑陶瓷制品种类很多，最常用的有釉面砖、墙地砖、锦砖、卫生陶瓷、琉璃制品等。

（1）釉面砖

釉面砖又称瓷砖、内墙面砖。釉面砖正面有釉，背面有凹凸纹，主要为正方形或长方形砖。釉面砖主要用于厨房、浴室、卫生间等室内墙面、台面等。通常不宜用于室外，如果用于室外，经常受到大气温、湿度影响及日晒雨淋作用，会导致釉层发生裂纹或脱落，严重影响装饰的效果。

（2）墙地砖

墙地砖包括建筑物外墙装饰贴面用砖和室内、外地面装饰铺贴用砖，因为此类砖常可墙、地两用，故称为墙地砖。墙地砖有多种形状的产品，其表面有光滑、粗糙或凹凸花纹之分，有光泽与无光泽质感之分。其背面为了便于和基层牢固粘贴也制有背纹，但造价偏高。

墙地砖主要用于装饰等级要求较高的建筑内外墙、柱面及室内、外通道、走廊、门厅、展厅、浴室、厕所、厨房等。

（3）陶瓷锦砖

陶瓷锦砖是陶瓷什锦砖的简称，俗称"马赛克"，是指由边长不大于 40mm、具有多种色彩和不同形状的小块砖，镶拼组成各种花色图案的陶瓷制品。它坚固耐用，且造价便宜，主要用于室内地面铺贴，如门厅、走廊、餐厅、厨房、浴室等的地面铺装，也可用作外墙饰面材料。

（4）琉璃制品

琉璃制品主要包括琉璃瓦、琉璃砖、琉璃兽，以及琉璃花窗、栏杆等各种装饰制件。琉璃制品的特点是坚硬，密实，不易沾污，坚实耐久，色彩绚丽，造型古朴。

4.9.2　建筑装饰板材

建筑装饰板材可以分为实木板材与人造板材两大类。实木板材造价比较高，在农村用得不多，以下主要介绍人造板材。

（1）胶合板

胶合板是用原木切成薄片，经干燥处理后，再用胶粘剂粘合热压而成的人造板材。一般为 3~13 层。建筑中常用的是三合板和五合板。

胶合板的特点：材质均匀，强度高，吸湿性小，不起翘开裂，幅面大，使用方便，装饰性好，广泛用作建筑室内隔墙板、护壁板、顶棚、门面板以及各种家具和装修。

（2）细木工板

细木工板是将小块木条拼接起来，两面胶粘薄板而制成的板材，具有质坚、吸声、绝热等特点，适用于家具和建筑物内装修等。

（3）纤维板

纤维板是以植物纤维为主要原料，经破碎、浸泡、研磨成木浆，再加入一定的胶料，经热压成型、干燥等工序制成的一种人造板材。

纤维板按密度分：硬质纤维板，软质纤维板，半硬质纤维板。

（4）刨花板、木丝板、木屑板

刨花板、木丝板、木屑板是利用木材加工中产生的大量刨花、木丝、木屑为原料，经干燥，与胶结料拌合，热压而成的板材。这类板材表观密度小，强度较低，主要用作绝热和吸声材料。经饰面处理后，还可用作吊顶板材、隔断板材等。

4.9.3　建筑玻璃

建筑玻璃主要指的是平板玻璃、装饰玻璃、安全玻璃和节能装饰玻璃，典型的包括以下几种：

（1）窗用平板玻璃

窗用平板玻璃也称平光玻璃或净片玻璃，也就是我们一般所说的玻璃，主要装配于门窗，起透光、挡风雨、保温、隔声等作用。

窗用平板玻璃的厚度一般有 2、3、4、5、6mm 五种，其中 2~3mm 厚的，常用于民用建筑。

（2）磨砂玻璃

磨砂玻璃又称"毛玻璃"，表面粗糙，具有透光不透视的特点，且使室内光线柔和。常被用于卫生间、浴室、厕所、办公室、走廊等处的隔断。

（3）彩色玻璃

彩色玻璃也称有色玻璃，可拼成各种花纹、图案，适用于公共建筑的内外墙面、门窗装饰以及采光有特殊要求的部位。

（4）彩绘玻璃

彩绘玻璃是一种用途广泛的高档装饰玻璃产品，是在平板玻璃上做出各种透明度的颜色和图案，而且彩绘涂膜附着力强，耐久性好，可擦洗，易清洁。可用于门窗、顶棚吊顶、灯箱、壁饰、家具、屏风等，利用其不同的图案和画面可达到不同装饰效果。

（5）防火玻璃

防火玻璃是经特殊工艺加工和处理、在规定的耐火试验中能保持其完整性和隔热性的特种玻璃。

（6）钢化玻璃

钢化玻璃是用物理的或化学的方法，在玻璃的表面形成一个压应力层，而内部处于较大的拉应力状态，内外拉应力处于平衡状态。玻璃本身具有较高的抗压强度，表面不会造成破坏的玻璃品种。

4.9.4　铝合金与塑钢

（1）铝合金

1）铝合金的特性：

延伸性好，硬度低，易加工，耐腐蚀，较广泛地用于各类房屋。常用的铝合金制品有：铝合金门窗（图 4-17、图 4-18）、铝合金装饰板及吊顶、铝合金波纹板、压型板、冲孔平板、铝箔等，具有承重、耐用、装饰、保温、隔热等优良性能。

2）铝合金制品的选择与使用：

查看产品出厂合格证，注意出厂日期、规格、技术条件、企业名称和生产许可证编号；仔细查看产品的表面状况，产品表面不能有明显的擦划伤、气泡等缺陷，产品色彩鲜亮，光泽好；一定要注意产品的壁厚，门窗料的产品厚度应不小于 1.2mm；注意产品表面涂层

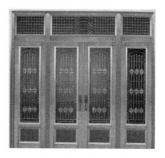

图 4-17　铝合金窗　　　　图 4-18　铝合金门

的厚度，阳极氧化产品的膜厚不低于 10μm（微米），电泳涂漆产品的膜厚不低于 17μm，粉末喷涂的涂层厚度不超出 40~120μm 范围，氟碳漆喷涂产品应在二者以上，不能低于 30μm。

日常维护时，不能用刷子等其他硬物作为清洗工具，应选择柔软的棉纱和棉布；清洗剂可以用水、洗涤灵和肥皂，但不能用其他有机物。

（2）塑钢

1）塑钢的特性：

塑钢型材简称"塑钢"，主要化学成分是"PVC"，因此也叫"PVC型材"，是被广泛应用的一种新型的建筑材料。该材料性能优良、加工方便，通常用作是铜、锌、铝等有色金属的替代品。并且由于塑钢采用多腔结构设计，密封性好，隔热保温性能卓越，在房屋建筑中主要用于门窗、护栏、管材和吊顶材料等方面的应用。 如图 4-19、图 4-20 所示。

图 4-19　塑钢推拉窗　　　图 4-20　塑钢平开窗

2）塑钢门窗的选择与使用：

塑钢门窗产品应在明显部位标注产品制造厂名或商标、产品名称、型号和标准编号；塑钢门窗表面应平滑，颜色应基本均匀一致，无裂纹、无气泡、焊缝平整、清角到位，不得有影响使用的伤痕、杂质等缺陷；门窗密封条平整无卷边，无脱槽，胶条无气味；门窗关闭时，扇与框之间无缝隙，门窗四扇均连为一体并无螺钉连接，推拉门窗应滑动自如，声音柔和，无粉尘脱落。

4.10　建筑防水材料

防水材料是保证房屋建筑能够防止雨水、地下水与其他水分侵蚀渗透的重要组成部分，是工程建设中不可缺少的建筑材料。农房建造常用的屋面防水材料为防水卷材和防水涂料（图 4-21）。

(a)　　　　　　　　　(b)

图 4-21　防水材料

（a）防水卷材；（b）防水涂料

4.10.1　沥青防水卷材

防水卷材是由工厂生产的具有一定厚度的片状柔性防水材料，可以卷曲并按一定长度成卷出厂。防水卷材包括：沥青防水卷材、高聚物改性沥青防水卷材、合成高分子防水卷材等。沥青防水卷材由于价格便宜、施工方便，在农房屋面防水中较多采用。

（1）沥青防水卷材的常用品种

沥青防水卷材的常见品种见表4-30。

沥青防水卷材的常见品种 表4-30

序号	产品品种	标准编号
1	石油沥青纸胎油毡、油纸	GB 326-2007
2	石油沥青玻璃纤维胎油毡	GB/T 14686-2008
3	油毡瓦	GB/T 20474-2015
4	铝箔油毡	JC/T 504-2007
5	煤沥青纸胎油毡	JC 505-1992

（2）石油沥青纸胎油毡（简称油毡）

油毡是采用低软化点石油沥青浸渍原纸，然后用高软化点石油沥青涂盖油纸两面，再涂撒隔离材料所制成的一种纸胎沥青防水卷材。油毡是传统的防水材料，普通农房一般最常使用。缺点是低温柔韧性差，使用寿命短，当防水等级为Ⅰ、Ⅱ级的建筑屋面或各类地下防水工程不宜使用。

油毡按浸涂材料总量和物理性能分为合格品、一等品、优等品。油毡按所用隔离材料分为粉状面油毡和片状面油毡。油毡的标号有200号、350号和500号三种。200号油毡适用于简易防水、临时性建筑防水、建筑防潮及包装等；350号和500号粉状面油毡适用于屋面、地下工程的多层防水；片状面油毡用于单层防水。

油毡外观质量应符合表4-31中的要求。

油毡外观质量要求 表4-31

项 目	质量要求
露胎、涂盖不均、孔洞、咯伤	不允许
折纹、皱折	距卷芯1000mm以外，长度不大于100mm
裂纹	距卷芯1000mm以外，长度不大于10mm
裂口、缺口	边缘裂口小于20mm，缺边长度小于50mm，深度小于20mm

续表

项　　目	质量要求
每卷卷材的接头	不超过 1 处，较短的一段不应小于 2500mm，接头处应加长 150mm

油毡的规格应符合表 4-32 中的要求。

油毡的规格　　表 4-32

标号	宽度（mm）	每卷面积（m²）	卷重（kg）	
350 号	915	20±0.3	粉毡	≥28.5
	1000		片毡	≥31.5
500 号	915	20±0.3	粉毡	≥39.5
	1000		片毡	≥42.5

油毡的物理性能应符合表 4-33 中的要求。

油毡的物理性能　　表 4-33

项　　目		350 号			500 号		
		合格	一等	优等	合格	一等	优等
单位面积浸涂材料总量[（g/m²）] 不小于		1000	1050	1110	1400	1450	1500
不透水	压力（MPa）	≥0.10			≥0.15		
	保持时间（min）	≥30	≥45		≥30		
吸水率	粉毡	≤1.0			≤1.5		
	片毡	≤3.0			≤3.0		
耐热度（℃）		85±2		90±2	85±2		90±2
		受热 2h 涂盖层应无滑动和集中性气泡					
纵向拉力（25±2℃）（N）		≥340	≥370		≥440		≥470
柔度（℃）		18±2	16±2	14±2	18±2		147±2
		绕 φ20mm 圆棒或弯板无裂纹			绕 φ25mm 圆棒或弯板无裂纹		

4.10.2 高聚物改性沥青防水卷材

（1）高聚物改性沥青防水卷材的常见品种见表4–34。

高聚物改性沥青防水卷材的常见品种

表4–34

序号	常见品种	标准编号
1	弹性体（SBS）改性沥青防水卷材	GB 18242–2008
2	塑性体（APP）改性沥青防水卷材	GB 18243–2008
3	改性沥青聚乙烯胎防水卷材	GB 18967–2009

（2）弹性体（SBS）改性沥青防水卷材是用聚酯毡或玻纤毡为胎基、苯乙烯－丁二烯－苯乙烯（SBS）热塑性弹性体作改性剂，两面覆以隔离材料所制成的建筑防水卷材（简称"SBS卷材"）。

塑性体（APP）改性沥青防水卷材是用聚酯毡或玻纤毡为胎基、无规聚丙烯（APP）或聚烯烃类聚合物（APAO、APO）作改性剂，两面覆以隔离材料所制成的建筑防水卷材（简称"APP卷材"）。

SBS卷材和APP卷材按不同胎基、不同上表面材料分为六个品种，见表4–35。

SBS卷材和APP卷材品种

表4–35

上表面材料	胎　　基	
	聚酯胎（PY）	玻纤胎（G）
聚乙烯膜（PE）	PY-PE	G-PE
细砂（S）	PY-S	G-S
矿物粒（片）料（M）	PY-M	G-M

SBS卷材和APP卷材外观质量应符合表4–36中的要求。

SBS卷材和APP卷材外观质量

表4–36

项　　目	质量要求	项　　目	质量要求
孔洞、缺口、裂口	不允许	边缘不整齐	不超过10mm

续表

项　目	质量要求	项　目	质量要求
胎体露白、未浸透	不允许	撒布材料粒度、颜色	均匀
每卷卷材的接头	不超过 1 处，较短的一段不应小于 1000mm，接头处应加长 150mm		

SBS 卷材和 APP 卷材的卷重、面积及厚度应符合表 4-37 中的规定。

SBS 卷材和 APP 卷材的卷重、面积及厚度　　表 4-37

规格（公称厚度）（mm）		2		3			4					
上表面材料		PE	S	PE	S	M	PE	S	M	PE	S	M
面积（m²/卷）	公称面积	15		10			10			7.5		
	偏差	±0.15		±0.10			±0.10			±0.10		
最低卷重（kg/卷）		33.0	37.5	32.0	35.0	40.0	42.0	45.0	50.0	31.5	33.0	37.5
厚度（mm）	平均值不小于	2.0		3.0		3.2	4.0		4.2	4.0		4.2
	最小单值	1.7		2.7		2.9	3.7		3.9	3.7		3.9
幅宽（mm）		1000										

SBS 卷材和 APP 卷材的物理性能应符合表 4-38 中的要求。

SBS 卷材和 APP 卷材的物理性能　　表 4-38

胎基		聚酯胎（PY）		玻纤胎（G）	
型号		Ⅰ型	Ⅱ型	Ⅰ型	Ⅱ型
可溶物含量（g/m²）不小于	2mm		–	1300	
	3mm	2100			
	4mm	2900			

续表

胎基		聚酯胎（PY）		玻纤胎（G）	
型号		Ⅰ型	Ⅱ型	Ⅰ型	Ⅱ型
不透水性不小于	压力（MPa）	0.3		0.2	0.3
	保持时间（min）	30			
耐热度（2h/℃）		90	105	90	105
		无流淌、滑动、滴落			
拉力（N/50mm）不小于	纵向	450	800	350	500
	横向			250	300
最大拉力时延伸率（%）不小于	纵向	30	40	–	
	横向				
低温柔度（℃）		−18	−25	−18	−25
		无裂纹			
撕裂强度（N）不小于	纵向	250	350	250	350
	横向			170	200
人工气候加速老化	外观	1 级			
		无流淌、滑动、滴落			
	拉力保持率/%不小于/纵向	80			
	低温柔度（℃）	−10	−20	−10	−20
		无裂纹			

4.10.3　防水涂料

防水涂料在常温下呈无定形状态（液状、稠状或现场拌制成液状），经现场涂覆可在结构物表面固化形成具有防水功能的膜层材料。防水涂料分为沥青基防水涂料、高聚物改性沥青防水涂料、合成高分子防水涂料、有机无机复合防水涂料。

防水涂料的品种、规格、性能等应符合现行国家产品标准和设计要求。防水涂料的质量应满足工程应用的主要控制指标，并按该要求对进入现场的材料进行抽样复验，不合格的材料不得使用。

（1）沥青基防水涂料的质量要求

常用水乳型沥青防水涂料属于沥青基防水涂料，是用水为介质，采用化学乳化剂或矿物乳化剂制得的沥青基防水涂料。水乳型沥青防水涂料的物理力学性能应符合表 4-39 中的要求。

水乳型沥青防水涂料的物理力学性能　　表 4-39

项　　目		L 型	M 型
固体含量（％）不小于		45	
耐热度（℃）		80±2	110±2
		无流淌、滑动、滴落	
不透水性		0.10MPa，30min 无渗水	
粘结强度（MPa）不小于		0.30	
表干时间（h）不大于		8	
实干时间（h）不大于		24	
低温柔度（℃）	标准条件	−15	0
	碱处理		
	热处理	−10	5
	紫外线处理		
断裂伸长率（％）不小于		600	

（2）高聚物改性沥青防水涂料的质量要求

常用溶剂型橡胶沥青防水涂料属于高聚物改性沥青防水涂料，是以橡胶改性石油沥青为基料，以汽油为溶剂，加入高分子填料、无机填料、防老化剂、助剂等制成的高聚物改性沥青防水涂料。溶剂型橡胶沥青防水涂料的物理力学性能应符合表 4-40 的要求。

溶剂型橡胶沥青防水涂料的物理力学性能　　表4-40

项　目		一等品	合格品
固体含量（%）		≥48	
耐热性（80℃，5h）		无流淌、起泡、滑动	
低温柔性，绕φ20mm圆棒2h无裂纹（℃）		-15	-10
抗裂性	基层裂缝（mm）	0.3	0.2
	涂膜状态	无裂纹	
粘结性（MPa）		0.2	
不透水性压力（0.2MPa，30min）		不渗水	

（3）合成高分子防水涂料的质量要求

1）聚氨酯防水涂料

聚氨酯（PU）防水涂料是以聚氨酯树脂为主要成膜物质，加入适量固化剂以及其他助剂混合所形成的一种反应固化型合成高分子防水涂料。聚氨酯防水涂料产品按拉伸性能分为Ⅰ、Ⅱ两类，物理性能主要控制指标应符合表4-41中的要求。

聚氨酯防水涂料的物理性能主要控制指标　　表4-41

项　目		Ⅰ类	Ⅱ类
拉伸强度（MPa）		≥1.9（单、多组分）	≥2.45（单、多组分）
断裂伸长率（%）		≥550（单组分） ≥450（多组分）	≥4.50（单、多组分）
低温柔性（2h）（℃）		-40（单组分），-35（多组分），弯折无裂纹	
不透水性	压力（MPa）	≥0.3（单、多组分）	
	保持时间（min）	≥30（单、多组分）	
固体含量（%）		≥80（单组分），≥92（多组分）	

2）聚合物乳液建筑防水涂料

聚合物乳液建筑防水涂料是以聚合物乳液为主要成分，加入适量填料、助剂及颜料等配制而成，属单组分挥发固化型合成高分子防水涂料。聚合物乳液建筑防水涂料的物理性能主要控制指标应符合表 4-42 中的要求。

聚合物乳液建筑防水涂料的物理性能主要控制指标　表 4-42

项　　目	质量要求	项　　目	质量要求
拉伸强度	≥ 1.5MPa	断裂伸长率	≥ 300%
固体含量	≥ 65%	低温柔性（2h）	-20℃，绕 φ10mm 圆棒无裂纹
不透水性	压力≥ 0.3MPa，不透水性保持时间≥ 30min		

（4）聚合物水泥防水涂料的质量要求

聚合物水泥防水涂料是以聚丙烯酸酯乳液、乙烯—醋酸共聚乳液等聚合物乳液与各种添加剂组成的有机液料和水泥、石英砂及各种添加剂、无机填料组成的无机粉料通过合理配比，复合制成的一种双组分、水性建筑防水涂料。其性质属有机与无机复合防水材料。聚合物水泥防水涂料的物理性能主要控制指标应符合表 4-43 中的要求。

聚合物水泥防水涂料的物理性能主要控制指标　表 4-43

项　　目	质量要求	项　　目	质量要求
固体含量	≥ 65%	拉伸强度	≥ 1.2MPa
断裂伸长率	≥ 200%	低温柔性（2h）	-10℃，绕 φ10mm 圆棒无裂纹
不透水性	压力≥ 0.3MPa，保持时间≥ 30min		

（5）胎体增强材料的质量要求

胎体增强材料的质量应符合表 4-44 中的要求。

胎体增强材料的质量要求　表 4-44

项　　目	聚酯无织布	化纤无织布
外观	均匀，无团状，平整无折皱	

续表

项　　目		聚酯无织布	化纤无织布
拉力（N/50mm）	纵向	≥ 150	≥ 45
	横向	≥ 100	≥ 35
延伸率（%）	纵向	≥ 10	≥ 20
	横向	≥ 20	≥ 25

第 5 章

建 筑 识 图

5.1　基本知识

5.1.1　图纸幅面及尺寸

标准图纸一般宽度方向较长，高度方向较短，也叫作"横式"幅面图纸。按图框大小分，有 A0、A1、A2、A3、A4 五种标准幅面，A4 图纸一般为立式布置。标准幅面图纸必要时还可以加长。图纸幅面布置及图框大小如图 5-1 所示。标准幅面图纸尺寸见表 5-1。

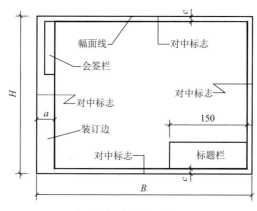

图 5-1　图纸幅面示意

标准幅面图纸尺寸　　　　表 5-1

	图纸幅面及图框尺寸（mm）				
	A0	A1	A2	A3	A4
$H \times B$	841 × 1189	594 × 841	420 × 594	297 × 420	210 × 297
c	10			5	
a	25				

5.1.2　比例

图纸的比例，是图面中所绘制的图形尺寸与建筑实物尺寸之比，一般采用数字之比来表示。如比例为 1：100 的建筑图纸，就表示图面上的 1mm 代表实际长度 100mm，或图面上的 1cm 代表实际长度 100cm。也可以说我们把实际建筑物缩小了 100 倍后绘制在了图纸上。比例的注写方式如图 5-2、图 5-3 所示。

平面图　1：100

⑥　1：20

图 5-2　平面图比例的注写　　　图 5-3　详图比例的注写

常用建筑比例除了 1：100 外，还有 1：200，1：50，1：20 等。

5.1.3　轴线

建筑图中的轴线是施工定位、放线的重要依据。凡承重墙、柱、梁或屋架等主要承重构件的位置一般都有轴线编号，凡需确定位置的建筑局部或构件，都应注明其与附近主要轴线的尺寸。

定位轴线采用点画线绘制，端部是圆圈，圆圈内注明轴线编号。平面图中定位轴线的编号，横向（水平方向）用阿拉伯数字由左至右依次编号，竖向用大写英文字母从下至上依次编号。字母 I、O、Z 一般不得用作轴线编号。当有附加轴线需要定位时，应采用分数形式表示。如图 5-4、图 5-5 所示。

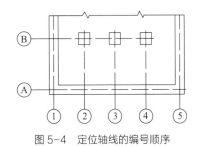

1/2　表示2号轴线之后附加的第一根轴线

3/C　表示C号轴线之后附加的第三根轴线

图 5-4　定位轴线的编号顺序 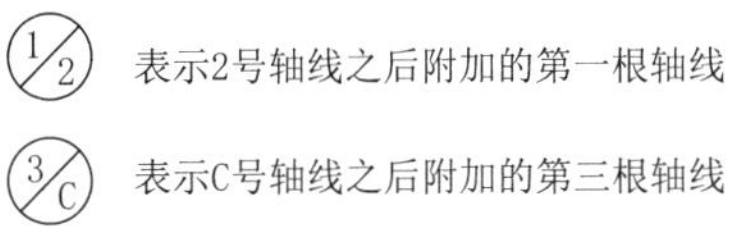　　　图 5-5　附加定位轴线的编号

5.1.4　标高

标高用来表示建筑物地面、楼层、屋面或其他某一部位相对于基准面（标高的零点）的竖向高度，是建筑竖向定位的依据（图 5-6）。

一般将建筑底层室内地面定为标高的零点，表示为：±0.000。

低于零点标高的为负标高，标高数字前加"−"号，如室外地面比室内地坪低 450mm，其标高为 −0.450；高于零点标高的为正标高，标高数字前可省略"+"号，如房屋底层层高为 3.0m，则二层地面标高为 3.000。

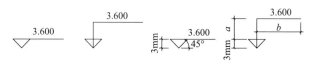

图 5-6　标高标注示意图

注：a、b 根据需要可以取适当尺寸。

注意标高虽然以米为单位，但一般不注明单位。

5.1.5　尺寸标注

国家建筑制图标准规定，图纸上除标高和总平面图中的尺寸以米（m）为单位外，其他尺寸均应以毫米（mm）为单位。

图纸尺寸标注包括：尺寸界限、尺寸线、尺寸起止符号（短斜线）和尺寸数字四个基本要素（图 5-7）。

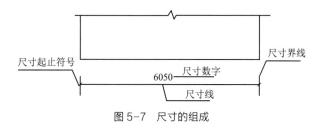

图 5-7　尺寸的组成

5.1.6　索引符号与详图符号

图样中的某一局部或构件，如需另见详图，应以索引符号索引（图 5-8a）索引符号是由直径为 10mm 的圆和水平直径组成，圆及水平直径均应以细实线绘制。索引符号应按下列规定编写：

（1）索引出的详图，如与被索引的详图同在一张图纸内，应在索引符号的上半圆中用阿拉伯数字注明该详图的编号，并在下半圆中间画一段水平细实线（图 5-8b）。

（2）索引出的详图，如与被索引的详图不在同一张图纸内，应在索引符号的上半圆中用阿拉伯数字注明该详图的编号，在索引符号的下半圆中用阿拉伯数字注明该详图所在图纸的编号（图 5-8c）。数字较多时，可加文字标注。

（3）索引出的详图，如采用标准图，应在索引符号水平直径的延长线上加注该标准图册的编号（图 5-8d）。

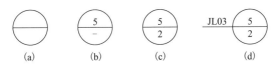

图 5-8　索引符号（一）

（4）索引符号如用于索引剖视详图，应在被剖切的部位绘制剖切位置线，并以引出线引出索引符号，引出线所在的一侧应为投射方向（图 5-9）。索引符号的编写同以上规定。

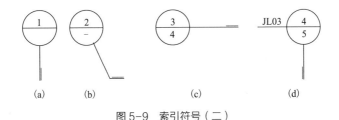

图 5-9　索引符号（二）

5.1.7　常用建筑构件和材料图例

常用建筑构件和材料图例见表 5-2。

常用建筑构件和材料图例　　　　表 5-2

序号	名称	图例	备　注
1	自然土壤	※	包括各种自然土壤

序号	名称	图例	备　　注
2	夯实土壤		
3	砂、灰土		靠近轮廓线绘较密的点
4	砂砾石、碎砖三合土		
5	石材		
6	毛石		
7	普通砖		包括实心砖、多孔砖、砌块等砌体。断面较窄不易绘出图例线时，可涂红
8	耐火砖		包括耐酸砖等砌体
9	空心砖		指非承重砖砌体
10	饰面砖		包括铺地砖、马赛克、陶瓷锦砖、人造大理石等
11	焦渣、矿渣		包括与水泥、石灰等混合而成的材料
12	混凝土		本图例指能承重的混凝土及钢筋混凝土；在剖面图上画出钢筋时，不画图例线；断面图形小，不易画出图例线时，可涂黑
13	钢筋混凝土		
14	多孔材料		包括水泥珍珠岩、沥青珍珠岩、泡沫混凝土、非承重加气混凝土、软木、蛭石制品
15	纤维材料		包括矿棉、岩棉、玻璃棉、麻丝、木丝板、纤维板等
16	泡沫塑料材料		包括聚苯乙烯、聚乙烯、聚氨酯等多孔聚合物类材料

续表

序号	名称	图例	备　注
17	木材	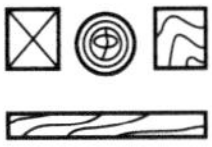	上图为横断面，上左图为垫木、木砖或木龙骨；下图为纵断面
18	胶合板	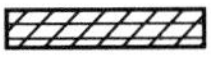	应注明为 × 层胶合板
19	石膏板	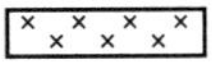	包括圆孔、方孔石膏板、防水石膏板等
20	金属	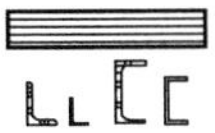	1. 包括各种金属； 2. 图形小时，可涂黑
21	玻璃		包括平板玻璃、磨砂玻璃、钢化玻璃、中空玻璃、夹层玻璃、镀膜玻璃等
22	橡胶		
23	塑料		包括各种软、硬塑料及有机玻璃
24	防水材料		构造层次多或比例大时，采用上面图例

5.1.8　看图的方法、要点

（1）看图的方法

看图的方法归纳起来是六句话：由外向里看，由大到小看，由粗到细看，图示与说明穿插看，建施（建筑施工图）与结施（结构施工图）对着看，水电设备最后看。

一套图纸到手后，先把图纸分类，如建施、结施、水电设备安装图和相配套的标准图等，看过全部的图纸后，对该建筑物就有了一个整体的概念。然后再有针对性地细看本工种的内容。如砌筑工要重点了解砌体基础的深度、大放脚情况、墙身情况，使用的材料、砂浆类别，是清水墙还是混水墙，每层层高、圈梁、过梁的位置，门窗洞口位置和尺寸，楼梯和墙体的关系，特殊节点的构造，厨卫间的要求，哪些位置要预留孔洞和预埋件等。

（2）看图的要点

全套图纸，不能孤立地看单张图纸，一定要注意图纸间的联系。看图要点如下：

1）平面图

①从首层看起，逐层向上直到顶层。首层平面图要详细看，这是平面图最重要的一层；

②看平面图的尺寸，先看控制轴线间的尺寸。把轴线关系搞清楚，弄清开间、进深的尺寸和墙体的厚度、门垛尺寸，再看外形尺寸，逐间逐段核对有无差错；

③核对门窗尺寸、编号、数量及其过梁的编号和型号；

④看清楚各部位的标高，复核各层标高并与立面图、剖面图对照是否吻合；

⑤弄清各房间的使用功能，加以对比，看是否有什么不同之处及墙体、门窗增减情况；

⑥对照详图看墙体、柱、梁的轴线关系，是否有偏心轴线的情况。

2）立面图

①对照平面图的轴线编号，看各个立面图的表示是否正确；

②将正、背、左、右四个立面图对照起来看，看是否有不交圈的地方；

③看立面图中的标高是否正确；

④弄清外墙装饰所采用的材料及使用范围。

3）剖面图

①对照平面图核对相应剖面图的标高是否正确，垂直方向的尺寸与标高是否符合，门窗洞口尺寸与门窗表的数字是否吻合；

②对照平面图校核轴线的编号是否正确，剖切面的位置与平面图的剖切符号是否符合；

③核对各层墙身、楼地面、屋面的做法与设计说明是否矛盾。

4）详图

①查对索引符号，明确使用的详图，防止差错；

②查找平、立、剖面图上的详图位置，对照轴线仔细核对尺寸、标高、避免错误；

③认真研究细部构造和做法，选用材料是否科学，施工操作有无困难。

5.2　建筑施工图

5.2.1　建筑平面图

建筑平面图是建筑施工图中最重要、最基本的图纸之一，它用以表示建筑物某一楼层的平面形状和布局，是施工放线、墙体砌筑、门窗安装、室内外装修的依据。

建筑平面图一般包括以下几方面的内容：

（1）通过图名可以了解这个建筑平面图表示的是房屋的哪一层平面。平面图的比例根据房屋的大小和复杂程度而定，常用比例为1∶50、1∶100、1∶200。

（2）建筑物的朝向、平面形状、内部布置及分隔，墙、柱的位置。

（3）建筑纵横向定位轴线及其编号。

（4）门窗的种类及编号，门窗洞口的位置及开启方向。

（5）尺寸标注，包括外部尺寸、内部尺寸及竖向标高等。

（6）剖面图的剖切位置、剖视方向、编号等。

（7）附属构件、配件及其他设施的定位，如阳台、雨棚、台阶、散水、卫生器具等。

（8）有关标准图及大样图的详图索引。

图 5-10 为某农宅的二层建筑平面。

5.2.2　建筑立面图

为了表示房屋的外貌，通常将房屋的四个主要墙面向与其平行的投影面进行投射，以此绘制的图纸称为建筑立面图。立面图绘制比例一般与平面图的比例一致。

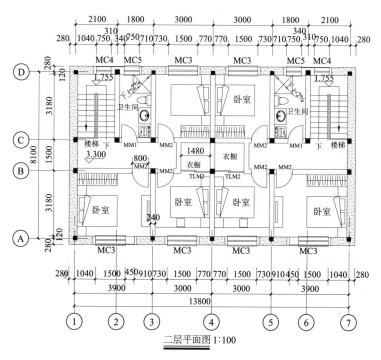

图 5-10　某农宅二层建筑平面图（两户联排）

建筑立面图包括以下几方面的内容：

（1）室外地面以上建筑物的外轮廓、台阶、勒脚、外门、雨棚、阳台、各层窗户、挑檐、女儿墙、雨水管等的位置。

（2）外墙面装饰情况，包括所用材料、颜色、规格等。

（3）室内外地坪、楼层、屋面、女儿墙等主要部位的标高及必要的高度尺寸。

（4）有关部位的详图索引，如一些装饰、特殊造型等。

（5）立面左右两端的轴线标注。

图 5-11 为某农宅正立面图。

5.2.3　建筑剖面图

假想采用一个铅垂剖切面将整栋房屋竖向剖开，所得到的投影图称为建筑剖面图。绘制比例一般与平面图、立面图的比例一致。

建筑剖面图主要包括以下几方面的内容：

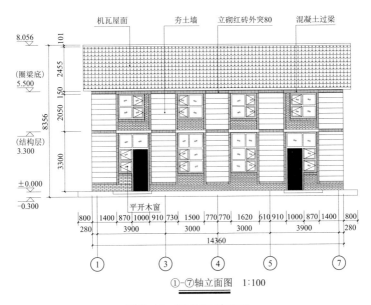

图 5-11 某农宅正立面图

（1）表明剖切到的室内外地面、楼面、屋面、内外墙及门窗、过梁、圈梁、楼梯及平台、雨棚、阳台等。

（2）表明主要承重构件的相互关系，如各层楼面、屋面、梁、板、柱、墙的相互位置关系。

（3）标高及相关竖向尺寸。

图 5-12 为某农宅剖面图。

5.2.4　建筑详图

建筑详图是将平、立、剖面图中的某些部位需详细表述而采用较大比例绘制的图纸。详图的内容较广泛，凡是在平、立、剖面图中表述不清楚的局部构造和节点，都可以用详图来补充。建

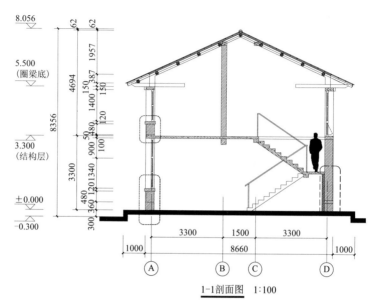

1-1剖面图　1:100

图 5-12　某农宅剖面图

筑详图包括卫生间详图、厨房详图、墙身构造详图、阳台栏板详图、雨篷详图、屋面构造详图、楼梯详图等。图 5-13～图 5-15所示。

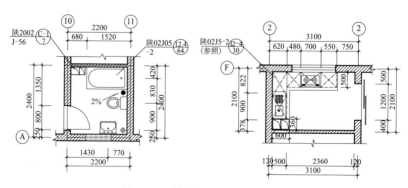

图 5-13　某住宅卫生间、厨房大样

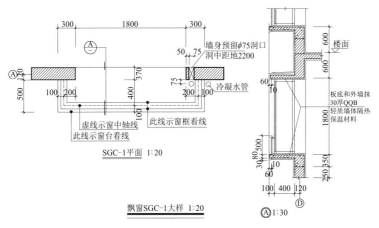

图 5-14 某住宅飘窗大样

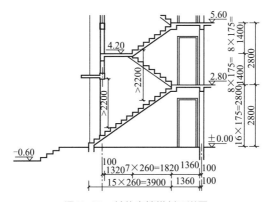

图 5-15 某住宅楼梯剖面详图

5.3 结构施工图

5.3.1 一般要求

（1）结构施工图的内容

结构图一般包括结构设计说明、结构布置图和构件详图三部分内容。

1）结构设计说明以文字叙述为主，主要说明设计的依据，如地基情况、风雪荷载、抗震设计情况；选用结构材料的类型、规格、强度等级；一般施工要求；标准图或通用图的使用等。

2）结构布置图是房屋承重结构的整体布置图，主要表示结构构件的位置、数量、型号及相互关系。常用的结构平面布置图有：基础布置平面图、楼层结构平面图、屋面结构平面图、柱网平面图等。

3）构件详图是表示单个构件形状、尺寸、材料、构造及工艺的图样，如：梁、板、柱、基础等详图。

（2）结构施工图一般规定

1）绘制结构图，应遵守《房屋建筑制图统一标准》GB/T 50001-2017 和《建筑结构制图标准》GB/T 50105-2010 的规定。

2）绘制结构图时，针对图样的用途和复杂程度，选用适当比例。当结构的纵横向断面尺寸相差悬殊时，也可在同一详图中选用不同比例。

3）结构图中构件的名称宜用代号表示，代号后应用阿拉伯数字标注该构件的型号或编号。

4）结构图上的轴线及编号应与建筑施工图一致。

5）图上的尺寸标注应与建筑施工图相符合，但结构图所注尺寸是结构的实际尺寸，即不包括结构表层粉刷或面层的厚度。在桁架式结构的单线图中，其几何尺寸可直接注写在杆件的一侧，而不需画尺寸界线，对称桁架可在左半边标注尺寸，右半边标注内力。

（3）常用结构构件代号

常用结构构件代号见表 5-3。

常用结构构件代号　　　　表 5-3

序号	名称	代号	序号	名称	代号	序号	名称	代号
1	板	B	7	盖板	GB	13	圈梁	QL
2	空心板	KB	8	檐口板	YB	14	过梁	GL
3	屋面板	WB	9	墙板	QB	15	屋面梁	WL
4	槽形板	CB	10	天沟板	TGB	16	基础梁	JL
5	折板	ZB	11	梁	L	17	楼梯梁	TL
6	楼梯板	TB	12	连梁	LL	18	框架梁	KL

（4）钢筋的图示方法

为了突出表示钢筋的配置情况，在钢筋混凝土构件的立面图和断面图上，轮廓用细实线画出，钢筋用粗实线及黑圆点表示，图内不画材料图例。如图 5-16 所示。

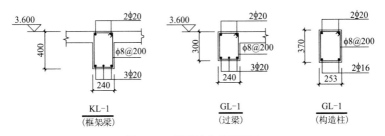

图 5-16　混凝土构件断面图

现浇板配筋及梁、板、柱钢筋的图示方法如图 5-17 所示。

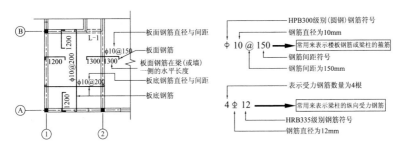

图 5-17　现浇板配筋说明

5.3.2　基础施工图

基础施工图一般由基础平面布置及基础详图组成（图 5-18、图 5-19），具体包括以下内容：

（1）地基处理说明，处理范围和深度要求，处理后地基承载力。

（2）基础构件的平面布置，包括基础平面尺寸、与定位轴线的关系，基础构件的编号等。

（3）基础构件的材料及施工说明。

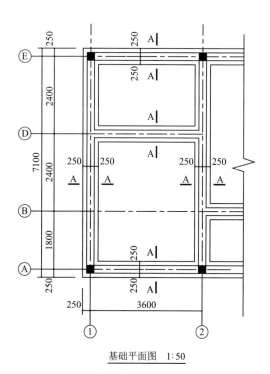

基础平面图 1:50

图 5-18 某农宅的基础平面图（局部）

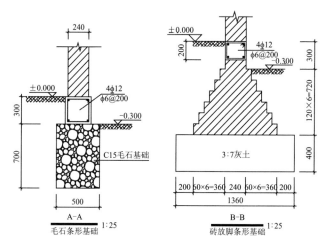

图 5-19 条形基础详图

（4）基础施工详图，包括基础剖面、基础圈梁配筋、防潮层位置、基础标高及尺寸等。

5.3.3　结构平面布置图

结构平面布置图包括楼层（或屋面）结构平面布置图，及楼板（或屋面板）配筋平面布置图。前者主要是对受力构件进行布置、定位及编号；后者主要是对现浇板的配筋情况进行图示。对普通农房，由于相对简单，也可以将二者合一，即在某楼层结构平面布置图上直接进行绘制楼板的配筋情况。如图 5-20 所示。

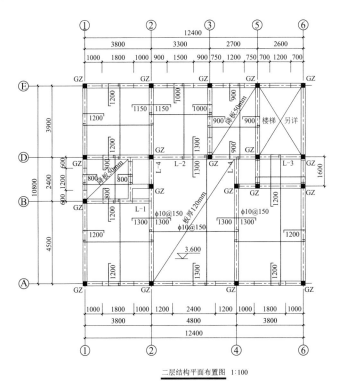

二层结构平面布置图　1:100

图 5-20　某农宅二层结构平面布置及板配筋图

第 6 章

农房地基与基础

地基是基础下面承受荷载的土层，承受着基础传来的全部荷载。基础是房屋地面以下的承重体，位于房屋上部结构与地基之间，它直接承受上部结构传下来的全部荷载，并把这些荷载与基础自身重量一起传给地基。严格讲，地基不属于房屋的组成部分，但它对保证房屋的稳固耐久具有非常重要的作用。基础传给地基的荷载如果超过地基的承载能力，地基将会出现较大的沉降变形或失稳，甚至会出现土层的滑移，直接影响到房屋的安全和正常使用。房屋的安全事故，多数都与地基和基础有关。

基础的类型与构造并不完全取决于房屋的上部结构，它与地基土的性质有着密切关系。具有相同上部结构的房屋当建造在不同的地基土上时，其基础的形式与构造可能是完全不同的。因此，地基与基础之间，既协同工作，又相互影响、相互制约。

6.1 对地基、基础的一般要求

6.1.1 地基

（1）地基应具有足够的强度，能够在上部荷载作用下不被剪切破坏。

（2）地基应具有较小的压缩性，能够在上部荷载作用下不产生较大沉降或变形。

（3）地基的厚度、密实性及承载能力应分布均匀。

（4）在一定的承载条件下，地基应有合理的深度范围。

（5）条件允许时，尽量采用天然地基，以达到良好的经济效益。

6.1.2 基础

（1）基础要有足够的强度，能够在上部荷载与地基反力的作用下不受破坏。

（2）由于基础处于房屋结构最下部并且埋置于地下，对其维修或加固非常困难，因此基础的材料应具有良好的耐久性能，以保证房屋的持久使用。

（3）在选材上尽量就地取材，以降低工程造价。

6.2　地基处理

为什么要处理地基呢？因为大部分天然地基不能满足承载力和沉降变形的要求，需经过人工处理后再建造基础，这一工作称为"地基处理"。地基处理是农房建造的重要环节。

我国地域辽阔，从沿海到内地，由山区到平原分布着多种多样的地基土，各种地基土中，不少为软弱土和不良土，主要包括：淤泥、淤泥质土、冲填土、杂填土、湿陷性黄土、泥炭土、膨胀土、红黏土、易液化土和冻土等。

换填垫层法是最普遍采用的农房地基处理方法。优点是材料来源广泛，施工方便，处理后地基承载力较高，而且具有良好的防水抗渗性能。常用换填材料包括灰土、水泥土、干净黏土、砂石、碎砖、炉渣以及质地坚硬的工业废料等。

6.2.1　灰土垫层

将经过消解的石灰粉（熟石灰）和过筛的干净黏土，按一定体积比，并洒适量水拌和均匀，然后分层夯实形成灰土垫层。灰与土的体积比为 2:8 时，称为"二八灰土"；灰与土的体积比为 3:7 时，称为"三七灰土"。灰土垫层对绝大多数软弱土地基和不良土地基均适用。灰土垫层质量要点：

（1）石灰掺量要合理，不宜太少。一般情况，二八灰土即可；土质较差或严重湿陷性土质时宜采用三七灰土。

（2）拌合要均匀，加水要适量。灰土夯实前含水率以"握手成团、落地开花"控制（图 6-1）。水少了夯不实，水多了容易成"橡皮土"。

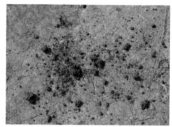

图6-1　"握手成团、落地开花"控制灰土含水率

小知识

橡 皮 土

当黏土含水量很大趋于饱和时，碾压或夯打会使地基土变成踩上去有一种颤动感觉的"橡皮土"。一旦形成橡皮土，则会严重降低地基的承载能力。因此，当发现地基土（主要是黏土）含水量趋于饱和时，要避免直接碾压或夯打，可采用晾槽或掺石灰粉的办法降低土的含水量；有地表水时应排水，地下水位较高时应将地下水降低至基底0.5m以下；如果地基大范围出现橡皮土，则应全部挖除，填以3:7灰土、砂土或级配砂石，不严重时可以抛碎砖块后夯实；也可将橡皮土翻松、晾晒、风干至最优含水量范围再夯实。

（3）灰土虚铺厚度要合理。一般每层虚铺220~250mm，夯实后为150mm厚。

（4）灰土随铺随打，不可隔日夯打；夯实后的灰土在三天内不得受到浸泡（图6-2）。

（5）夯打力量要保证。有条件时尽量选用蛙式打夯机或振动压实机，每层夯打至少2遍；当采用木夯或铸铁夯锤人工夯实时，每一夯点至少夯打2锤，每次夯击时，夯锤提升高度至少在0.5m以上。

（6）灰土分段施工时，接茬处应做成斜坡。

图 6-2　灰土应随铺随打

6.2.2　三合土垫层

采用石灰、砂、骨料（碎砖、碎瓦片或碎石）以 1∶2∶4 或 1∶3∶6 的体积比拌合后，每层虚铺 200mm 厚左右，分层夯实。三合土垫层适用于软弱土、杂填土、膨胀土等土质的地基处理。三合土垫层质量要点：

（1）砂：采用中粗河砂。

（2）碎砖：废旧断砖打碎后即可使用，最大尺寸不超过半砖长度；使用前应充分过水。

（3）施工要点：配制时，应先将石灰与砂倒在拌板上加水拌匀成为浓灰浆，再加碎砖充分拌透，使碎砖周围被灰浆包裹，然后铲入基槽内分层铺设夯实；如三合土太干，应补浇灰浆，并随浇随打。

6.2.3　砂石垫层

采用一定级配的中粗砂、砾砂，卵石、碎石或天然砂砾石等混合物铺设夯实或振实而成。适用于一般软弱地基包括膨胀土、杂填土、冻土的加固处理，不适用于湿陷性黄土地区。砂石垫层质量要点：

（1）砂石级配合理，砂砾石中石子含量不宜大于 50%，石子粒径最大不超过 50mm。

（2）砂、石子中均不得含有草根、垃圾等有机杂质。

（3）砂石使用前拌合均匀，垫层铺设应分层夯实或振实。

（4）也可采用水撼法施工：待砂石垫层虚铺后，在基槽内灌水没过沙层，用铁钎摇撼或振捣，渗水后再铺第二层。

6.2.4　农房地基处理范围

农房建造前，当土层分布复杂时建议做简易地质勘探，以查明土质类型，确定科学合理的地基处理措施。无条件时，宜请教对当地地基处理有经验的建筑工匠或相关技术人员，或参考当地传统地基处理方法。

（1）地基处理深度

农房地基处理深度应根据当地土质、房屋层数、开间大小等综合确定，一般不宜小于300mm。当遇到以下情况时，应适当加大处理深度：

1）当黄土湿陷等级为Ⅱ级（中等湿陷性）以上时；

2）当处于地震区且场地砂土有可能在地震时发生液化，导致房屋震陷时；

小知识

砂土液化

含水饱和的疏松粉土、细砂土在振动作用下突然破坏而呈现液态的现象称为"砂土液化"。液化发生时，地下水携带砂粒冲破土层表面已有裂缝，常常产生所谓的"喷水冒砂"现象（图6-3），土体就像沸腾的开水一样，丧失承载能力，导致房屋瞬间沉陷或倾倒。地震引起的砂土液化最为广泛，危害极为严重。图6-4为汶川地震时一栋教学楼由于地基液化发生的底层塌陷。

图 6-3　喷水冒砂后形成的大坑　　图 6-4　砂土液化导致房屋底层塌陷

3）当地基下出现暗沟、暗塘、软土坑、古井、古墓、洞穴或严重不均匀土质时；

4）当淤泥或淤泥质土层较厚时；

5）当处于冻融土层且地基土对冻胀非常敏感时。

农房地基处理也不宜太深，当处理深度超过 1.5m 尚不能满足要求时，采取换填垫层法就不太适合。一是造价过高不经济，二是挖槽太深不安全。

（2）地基处理宽度

一般农房较多采用条形基础，相应可采用局部地基处理方案。当土质较差、房屋层数较多、开间较小时，也可采用整片处理。

当采用局部处理时，地基处理宽度应大于基础底面积宽度，条形地基总宽度不应小于地基处理深度。一般每侧应超出基础底面积宽度的 1/4，且不小于 300mm。

当采用整片处理时，其处理范围应大于房屋底层平面的面积，超出房屋外墙基础边缘的宽度，不宜小于处理土层厚度的 1/2，且不应小于 500mm。

6.3　基础埋置深度

6.3.1　基础埋置深度与基本要求

为确保房屋的坚固安全，基础要埋入土层中一定的深度。由室外设计地面到基础底面的垂直高度称为基础的埋置深度，简称"基础埋深"（图6-5）。基础埋深大一些，房屋的稳定性就要强一些，在地震或强风作用下就不容易产生倾覆或歪斜。

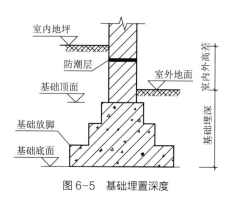

图6-5　基础埋置深度

一般单层农房的基础埋深不应小于500mm，二层农房的基础埋深不应小于800mm。

6.3.2　影响基础埋深的因素

影响基础埋深的因素很多，主要有以下几个方面：

（1）建筑物的用途与基础构造的影响。当建筑物设有地下室、地下管道或设备基础时，须将基础局部或整体加深。为了保护基础不至于露出地面，构造要求基础顶面离室外设计地面不得小于100mm。

（2）建筑物的荷载大小与抗震防灾的影响。即房屋开间越大、层数越高，作用在地基上的荷载就越大，这时基础埋深就要大一些。当抗震设防和抗风要求较高时，基础埋深也要大一些，以保证房屋结构在水平力作用下有良好的稳定性与抗倾覆能力。

（3）地下水位对基础埋置深度的影响。一般情况下，基础应位于地下水位之上，以减少地下水对基础的侵蚀，并且方便施工。当地下水位很高，基础必须埋在地下水位以下时，则基础底面应低于最低地下水位之下至少200mm，不应使基础底面处于地下水位变化的范围之内，以减少地下水浮力的影响（图6-6）。

（4）地基土冻胀和融陷的影响。严寒或寒冷地区冻结土与非冻结土的分界线称为冰冻线。冬季，土的冻胀会把基础抬起；春季，气温回升冻土层融化，基础会下沉，使建筑物处于不稳定状态。这种冻胀和融陷过程也会使房屋墙身开裂、门窗发生变形。因此，原则上在严寒或寒冷地区，基础埋深应在冰冻线以下（图 6-7、图 6-8）。

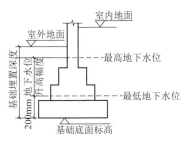

图 6-6　基础埋深和地下水位的关系　　图 6-7　基础埋深和冰冻线的关系

图 6-8　地基冻胀和融陷对农房造成的破坏（西藏自治区纳木错）

当地基为不冻胀土层（如碎石、砂砾石、卵石等）或为冻胀不敏感土层时，基础埋深可不考虑冰冻线的影响。当冰冻线较深（1.5m以上）且土质冻胀敏感时，可按图 6-9 的方法处理，以适当减小基础埋深，降低农房建造成本。

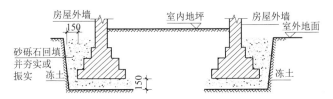

图 6-9　冰冻线较深且土质冻胀敏感时的处理方法

（5）相邻建筑基础埋深的影响。当新建建筑物附近有原有建筑物时，为了保证原有建筑物的安全和正常使用，新建建筑物的基础埋深不宜大于原有建筑基础的埋深。当埋深大于原有建筑基础时，两基础之间应保持一定间距，一般取等于或大于两基础的埋置深度差的2倍为宜，如图6-10所示。当上述要求不能满足时，应采取分段施工，设临时加固支撑，使原有建筑物的地基不受扰动。

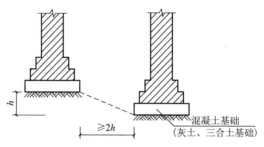

图6-10 不同埋深基础的最小距离

另外，同一结构单元基础宜落在同一土层上，当场地坡度较大，基础埋深不同时，应按图6-11所示进行放阶处理。

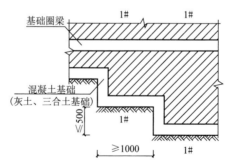

图6-11 同一基础埋深不同时的放阶处理

6.4 农房常用基础类型与构造

农房常见基础类型按其形式不同分为条形基础、独立基础。按基础材料不同可分为砖基础、石基础、毛石混凝土基础、灰土基础、三合土基础等，这些基础内一般没有配置钢筋，因此也叫"无筋基础"。当基础宽度较大，高度较小，无筋基础不满足抗弯或冲切计算时，有时也采用钢筋混凝土配筋基础。

6.4.1　农房常用基础形式

（1）条形基础

当建筑上部结构采用墙承重时，基础在地下按照墙体的走向设置，形成纵横连接交叉的条形基础，如图 6-12 所示。条形基础施工简单、方便，造价较低，整体性好，与上部结构结合紧密，常用于砖混、砖木、石木结构房屋。

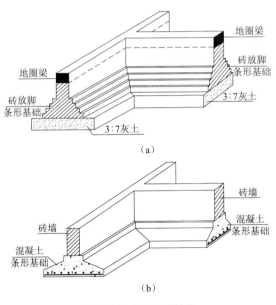

图 6-12　墙下条形基础

（a）砖放脚条形基础；（b）钢筋混凝土条形基础

（2）独立基础

当建筑承重体系采用框架结构时，其基础常用方形或矩形的单独基础，称为独立基础，如图 6-13 所示。有时承重墙下也可以采用墙下独立基础，其构造是墙下设基础梁，以支撑墙身荷载，基础梁支撑在独立基础之间，如图 6-14 所示。独立基础的优点是地基处理范围小，土方工程量小，节约基础材料。

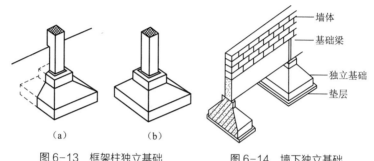

（a）	（b）

图 6-13　框架柱独立基础

图 6-14　墙下独立基础

6.4.2　无筋基础的构造要求

（1）无筋基础

无筋基础是指由砖或毛石砌筑、素混凝土或毛石混凝土浇筑、灰土或三合土夯筑而成，且不需配置钢筋的墙下条形基础或柱下独立基础，也称"刚性基础"。这种基础的材料抗压性能比较好，但是抗拉、抗剪强度不高，要保证基础不被拉力或冲切力破坏，必须控制基础的宽高比。

无筋基础外伸尺寸 b_f 与高度 H_0 的比值及基础台阶局部尺寸限值，应符合图 6-15 及表 6-1 允许值的要求。基础顶面每侧宜宽出墙边不小于 50mm。如果基础底部做素混凝土垫层，垫层外伸宽度一般应小于其厚度。

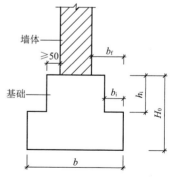

图 6-15　基础台阶尺寸示意图

基础外伸尺寸 b_f 与高度 H_0 之比的允许值　　　表 6-1

基础类型	b_f/H_0	b_i/h_i	每阶宽度 b_i
石砌基础	≤ 1 : 1.25	≤ 1 : 1.25	≤ 100mm
砖基础	≤ 1 : 1.5	≤ 1 : 1.5	≤ 60mm
混凝土基础	≤ 1 : 1.00	≤ 1 : 1.00	≤ 250mm

各类无筋（扩展）基础尺寸构造如图 6-16 所示。

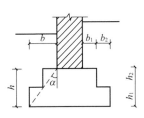

1. 混凝土基础　h_1, $h_2 \geqslant 200$mm
　　　　　　　$b_1 \geqslant 150$mm
2. 毛石基础
　　　　　　　h_1, $h_2 \geqslant 400$mm
　　　　　　　$b_1 \geqslant 150$mm

(a)

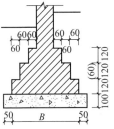

砖基础的台阶逐级向下放大
形成大放脚。
放脚方式　1.两皮砖挑1/4砖长。
2.两皮砖挑1/4砖长与一皮砖
挑1/4砖长相间砌筑。

(b)

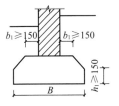

1. $b \geqslant 100$mm　h_1 应取150mm的倍数。
2. 灰土基础：h_1 取150mm，300mm，
450mm。
3. 三合土基础：$h_1 \geqslant 300$mm。

(c)

当 $B \geqslant 2$m时　做成锥形，常用于
混凝土基础。其中：$b_1 \geqslant 150$mm
$h_1 \geqslant 150$mm。

(d)

图 6-16　无筋（扩展）基础构造示意图

（a）阶梯型基础；（b）砖基础；（c）灰土、三合土基础；（d）锥形基础

（2）扩展基础

当上部荷载较大，基础底板宽度不符合无筋基础的构造要求时，应做成钢筋混凝土扩展基础，也称"柔性基础"，包括墙下钢筋混凝土条形基础和柱下钢筋混凝土独立基础。采用配筋扩展基础可以适当降低基础高度，减少土方工程量，且基础底板不受高宽比的限制，经济性较好。

墙下扩展基础一般应计算配置受力钢筋。受力钢筋应沿基础断面方向（即垂直于墙体方向）铺设于底层，钢筋直径间距不宜小于 $\phi 10@200$。平行于墙体方向还应设置纵向构造钢筋，构造钢筋直径间距不宜小于 $\phi 6@300$，并置于受力钢筋之上。普通砖墙与混凝土砌块墙下扩展条形基础构造详见图 6-17、图 6-18，配筋可参考表 6-2 所示。

为方面施工及增大基础钢筋的保护层厚度，钢筋混凝土扩展基础下面一般应做 100mm 厚的素混凝土垫层，强度等级不小于 C10。

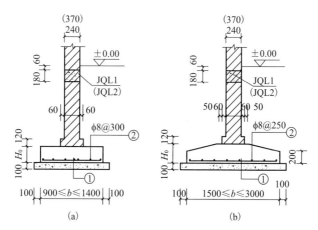

图 6-17　扩展基础构造及配筋示意图（一）

（a）烧结普通砖；（b）烧结普通砖

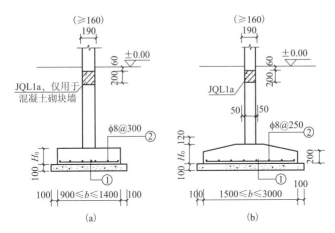

图 6-18　扩展基础构造及配筋示意图（二）

（a）混凝土砌块墙；（b）混凝土砌块墙

扩展条形基础高度、配筋参考表　表 6-2

地基承载力（kPa）	基底宽度（mm）						
	900	1000	1100	1200	1300	1400	1500
100			Φ10@200	Φ10@170	Φ10@190	Φ10@160	Φ10@170
110			Φ10@190	Φ10@150	Φ10@170	Φ10@140	Φ10@150
120		Φ10@200	Φ10@170	Φ10@190	Φ10@160	Φ10@130	Φ10@140
130			Φ10@160	Φ10@170	Φ10@140	Φ10@150	Φ10@130
140	Φ10@200	Φ10@190	Φ10@150	Φ10@160	Φ10@130	Φ10@140	Φ10@120
150		Φ10@170	Φ10@180	Φ10@150	Φ10@160	Φ10@130	Φ12@160
155		Φ10@170	Φ10@180	Φ10@140	Φ10@150	Φ10@130	Φ12@150
160		Φ10@160	Φ10@170	Φ10@140	Φ10@150	Φ10@125	Φ12@150
165		Φ10@160	Φ10@170	Φ10@140	Φ10@140	Φ10@120	Φ12@150
170		Φ10@150	Φ10@160	Φ10@130	Φ10@140	Φ10@120	Φ12@140
175	Φ10@190	Φ10@150	Φ10@160	Φ10@160	Φ10@130	Φ12@150	Φ12@140
180	Φ0@190	Φ10@190	Φ10@150	Φ10@160	Φ10@130	Φ12@140	Φ12@140
190	Φ0@180	Φ10@190	Φ10@140	Φ10@150	Φ10@120	Φ12@150	Φ12@130
200	Φ0@170	Φ10@180	Φ10@140	Φ10@140	Φ10@120	Φ12@140	Φ12@120
210	Φ10@160	Φ10@170	Φ10@130	Φ10@130	Φ12@160	Φ12@140	Φ12@120
220	Φ10@150	Φ10@160	Φ10@160	Φ10@130	Φ12@150	Φ12@130	Φ12@130
230	Φ10@190	Φ10@150	Φ10@150	Φ10@125	Φ12@150	Φ12@120	Φ12@130

续表

地基承载力（kPa）	基底宽度（mm）						
	900	1000	1100	1200	1300	1400	1500
240	Φ10@190	Φ10@140	Φ10@140	Φ10@120	Φ12@140	Φ12@120	Φ12@120
250	Φ10@180	Φ10@140	Φ10@140	Φ12@130	Φ12@130	Φ14@160	Φ12@120
260	Φ10@170	Φ10@130	Φ10@130	Φ12@130	Φ12@130	Φ14@150	
基础高度（mm）	H_0=200/250（粗折线之上/之下）		H_0=200/250/300（粗折线之上/中间/之下）		H_0=250/300（粗折线之上/之下）		H_0=300/350（线之上/之下）

注：此表应与图 6-17、图 6-18 配合使用；表中钢筋为①号受力钢筋。

扩展条形基础高度、配筋参考表（续）　　表 6-2

地基承载力（kPa）	基底宽度（mm）						
	1600	1700	1800	1900	2000	2100	2200
100	Φ12@200	Φ12@180	Φ12@200	Φ12@170	Φ12@180	Φ12@160	Φ14@200
110	Φ12@190	Φ12@170	Φ12@180	Φ12@160	Φ12@170	Φ12@150	Φ14@180
120	Φ12@180	Φ12@150	Φ12@160	Φ12@140	Φ12@150	Φ12@140	Φ14@170
130	Φ12@160	Φ12@140	Φ12@150	Φ12@130	Φ12@140	Φ12@120	Φ14@150
140	Φ12@150	Φ12@130	Φ12@140	Φ12@120	Φ12@130	Φ12@120	Φ14@140
150	Φ12@140	Φ12@120	Φ12@150	Φ14@160	Φ12@120	Φ14@150	Φ14@130
155	Φ12@140	Φ12@120	Φ12@120	Φ14@150		Φ14@150	Φ14@130
160	Φ12@130	Φ14@190	Φ12@120	Φ14@150	Φ14@150	Φ14@140	Φ14@125
165	Φ12@130	Φ14@180	Φ14@160	Φ14@140	Φ14@150	Φ14@140	Φ14@125
170	Φ12@120	Φ14@180	Φ14@140	Φ14@140	Φ14@140	Φ14@130	Φ14@120
175	Φ12@120	Φ14@170	Φ14@150	Φ14@160	Φ14@140	Φ14@130	Φ16@150
180	Φ12@120	Φ14@170	Φ14@150	Φ14@150	Φ14@140	Φ14@120	Φ16@150
190	Φ14@180	Φ14@160	Φ14@140	Φ14@140	Φ14@130	Φ14@120	
200	Φ14@170	Φ14@150	Φ14@160	Φ14@140	Φ14@120		
210	Φ14@160	Φ14@140	Φ14@150	Φ14@130			
220	Φ14@160	Φ14@140	Φ14@140				
230	Φ14@150	Φ14@130					
240	Φ14@140						
基础高度（mm）	H_0=300/350（粗折线之上/之下）		H_0=350/400（粗折线之上/之下）		H_0=400		

注：此表应与图 6-17、图 6-18 配合使用；表中钢筋为①号受力钢筋。

6.4.3 石砌基础

石砌基础一般采用料石或不规则毛石、卵石与砂浆砌筑而成。断面形状有矩形、阶梯形、梯形等。为简单方便，也可采用矩形截面。基础宽度一般应比墙厚大 200mm 以上，高度一般不小于 500mm。

（1）材料要求：毛石或卵石应选用未风化、坚硬，无裂缝、夹层、杂质的洁净石头，其尺寸一般以高、宽在 200~300mm，长在 300~400mm 之间为宜。石料表面的水锈、浮土杂质应清洗（刷）干净。

砌筑砂浆可采用 1 : 3 或 1 : 4 水泥砂浆（水泥与砂的重量比）。

（2）施工要点：

1）砌筑前，应清除基槽内杂物，打好底夯；地基过湿时，应铺 10 厘米厚的粗砂、矿渣、卵石或碎石填平夯实。

2）基础最下一皮毛石，应选用比较大的石块，使大面朝下，放平放稳，然后灌浆；以上各层均采用坐浆法砌筑，不得用先铺石后灌浆的方法。

3）阶梯形料石基础，上阶石块与下阶石块搭接长度不应小于下阶石块长度的 1/2。

4）转角及阴阳角外露部分应选用方正平整的毛石（俗称角石）互相拉结砌筑。

5）大、中、小毛石应搭配使用，使砌体平稳、灰缝密实饱满。

6）当采用卵石砌筑基础时，应将其凿开使用。

7）毛石基础顶面宜高出室外地面 300mm 以上，并高出室内地面 50~100mm。在门洞位置基础砌至室内地坪高度即可。

平毛石、毛料石基础如图 6-19 所示。

6.4.4 砖基础

采用黏土砖和水泥砂浆砌筑而成。基础下部常做成阶梯形，又称"大放脚"。大放脚做法一般采取一皮一收与二皮一收相间（间隔式），或二皮一收（等高式）（图6-20）。每收一次，两边各收1/4砖长。砖放脚基础高度一般不小于500mm。

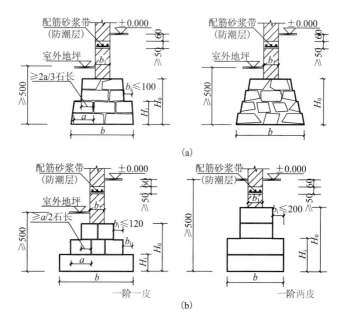

(a)

(b)

图6-19 平毛石、毛料石基础

（a）平毛石基础；（b）毛料石基础

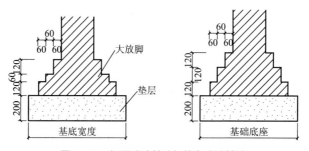

图6-20 间隔式砖基础与等高式砖基础

（1）材料要求

砖块采用普通黏土砖、水泥砖或灰砂砖，强度不小于M7.5；砂浆应采用水泥砂浆，强度不低于M5。

（2）施工要点

1）先清理好基槽垫层表面，检查垫层标高。

2）按基础大样图，吊线分中，弹出中心线和大放脚边线。

3）砌筑前应先用干砖试摆，以确定排砖方法和错缝位置。

4）砖应浇水湿透，灰缝砂浆要饱满。

5）砌完基础应在两侧同时回填土，并分层夯实。

第 7 章

农房构造与抗震

农村工匠一般不大熟悉房屋的结构计算，加之普通农房建筑材料复杂多样，性能较差，质量技术水平总体不高，即便采用近似的甚至较严格的结构计算也未必能确保房屋的安全可靠，而这些不足可以通过采取正确、合理的构造措施与做法得以弥补。历次地震灾害表明，正确、合理的构造做法是提高村镇房屋抗震防灾性能的可靠保障。

7.1 砖混结构

以烧结普通砖、烧结多孔砖、蒸压灰砂砖、页岩砖和水泥免烧砖等作为承重墙体，楼屋盖采用现浇钢筋混凝土或预制板的混合结构房屋称为砖混结构（图7-1）。砖混结构农房在我国农村各地普遍使用，对其结构构造特点、抗震措施及施工工艺应重点掌握。

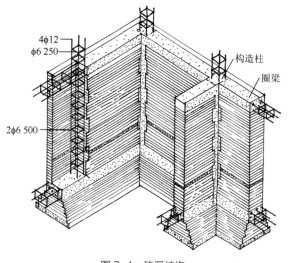

图7-1　砖混结构

7.1.1 一般要求

（1）砖混结构农房总高度和层数不宜超过表7-1规定。砖混结构农房构造示意图如图7-2所示。

砖混结构农房总高度和层数要求　　表 7-1

6 度设防		7 度设防		8 度设防		9 度设防	
高度	层数	高度	层数	高度	层数	高度	层数
9.9m	3 层	7.2m	2 层	6.6m	2 层	3.3m	1 层

注：房屋总高度指室外地面到主要屋面板板顶或檐口的高度。

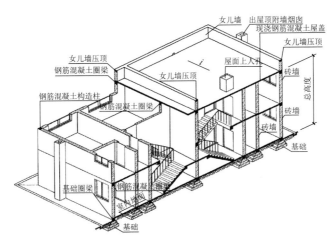

图 7-2　砖混结构农房构造示意图

（2）层高：底层层高不宜大于 3.6m，二层层高不宜大于 3.3m。

（3）开间、进深：起居室（客厅）开间不宜大于 6m；卧室开间不宜大于 4.2m；房间进深不宜超过 7.2m。当开间、进深尺寸过大需要设置大梁支撑楼屋盖时，应在大梁支承处加砖壁柱或钢筋混凝土构造柱等加强措施。

（4）墙厚及墙体布置：应设置不少于 3 道横墙承重；承重墙厚度不小于 240mm；6 度以上地震区，不应采用 180mm、120mm 厚墙体承重及空斗墙承重。

（5）材料要求：

1）砖块

砖块强度等级不低于 MU7.5；砖块各方向尺寸误差不应大于 3mm；砖块不应出现大的裂纹、分层、掉皮、缺棱、掉角、严重泛霜、石灰爆裂等现象，不应出现明显弯曲或翘曲现象；含碱量过高的黏土制成的砖不能用来建房（墙根容易碱蚀、剥落）；砖基础和地面以下的墙体不宜采用烧结多孔砖。

小知识

砖墙烂根

在农村砖混房屋中，经常可以看到外墙根部出现很多白色粉末，墙根部位发生溃烂、起皮甚至剥落，而且年代越久的房子越严重。这种砖墙烂根现象专业术语称为"墙体碱蚀"。其原因主要有三：一是当地土壤或水质含碱量（其实为硫酸盐）较高，二是砖块自身含碱量较高，三是墙体根部防水防潮没有处理好。当墙根受潮或受水侵蚀后，这些硫酸盐会在砖墙表面结晶并产生膨胀，导致砖墙表面粉化、溃烂甚至剥落。防治办法：尽量不使用采用含碱量过高的砖块；做好墙体根部的防潮与防水处理；对已经严重烂根的砖墙应经行加固处理。

2）砂浆

±0.00 以下应采用水泥砂浆砌筑，强度不应低于 M5；±0.00 以上可以采用水泥砂浆或混合砂浆，6、7 度时不应低于 M5，8、9 度时不应低于 M7.5。

3）混凝土

砖混结构中，混凝土主要用于浇筑条形基础、墙内构造柱、圈梁及楼屋面。一般要求混凝土强度等级不低于 C20。

4）钢筋

应购买合格产品，不应在承重构件中使用地条钢及废旧钢筋；对于盘条钢筋，应采用机械调直，不能采用人工砸直；不应使用扭曲变形的钢筋。

（6）楼（屋）盖做法：

8 度及 8 度以上抗震设防地区，应采用钢筋混凝土现浇楼板，不宜采用空心预制板；6、7 度地区当采用空心预制板时，应保证预制板自身质量，并采取必要的构造措施以加强房屋的整体性。

现浇楼板、屋面板悬挑长度不宜超过 1.0m，板厚不小于悬挑长度的 1/10 且不小于 80mm。

为什么建议尽量采用现浇楼板？

首先，农村建房采用的预制板质量很难保证。调查表明，目前农村使用的预制空心板，绝大多数没有出厂质检合格证，还有相当数量为旧房拆卸的废旧楼板；并且由于技术条件限制，预制板在农村建房时也无法进行现场的质量检验和认定，安全隐患不能完全排除。其次，按照国家规范、标准，采用预制板的房屋其抗震构造有较严格的规定，如预制板之间的相互拉接，板与墙体、圈梁的拉接，支撑长度要求等，这些技术措施在农村很难做到。因此，在高烈度区采用预制板而构造措施做不到位，大震时可能无法避免灾难的发生。而现浇楼板施工质量相对容易控制，并且房屋整体性好，造价与预制板比较也不算太高，因此建议农民朋友建房时还是尽量采用现浇楼板为好。

（7）砖混结构农房的局部尺寸限值，应符合表 7-2 的规定。

砖混结构房屋局部尺寸限值（m）　　　　表 7-2

部　　位	6、7 度	8 度	9 度
承重窗间墙最小宽度	0.9	1.0	1.2
承重外墙尽端至门窗洞边的最小距离	0.9	1.0	1.2

续表

部　　位	6、7度	8度	9度
非承重外墙尽端至门窗洞边的最小距离	0.9	0.9	1.0
内墙阳角至门窗洞边的最小距离	0.9	1.0	1.2

7.1.2　钢筋混凝土构造柱设置

（1）抗震设防烈度为8度的二层房屋，应在房屋四角、楼梯间四角、隔开间内外墙交接处、山墙与内纵墙交接处设置钢筋混凝土构造柱；抗震设防烈度为6、7度的房屋和8度一层房屋，宜在房屋四角和隔开间内外墙交接处设置钢筋混凝土构造柱。如图7-3、图7-4所示。（注：抗震设防烈度的概念请参考本教程附录2、附录3）

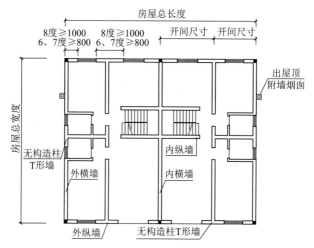

图7-3　6、7度设防区砖混结构构造柱布置示意

（2）构造柱最小截面不宜小于240mm×180mm（墙厚190mm时为180mm×190mm），纵向钢筋宜采用4φ12，箍筋直径宜采用φ6，间距不宜大于200mm。构造柱上下端箍筋应加密。

（3）构造柱与墙连接处应砌成马牙槎，并应沿墙高每隔750mm设2φ6拉接钢筋，每边伸入墙内不宜小于800mm。如图7-5所示。

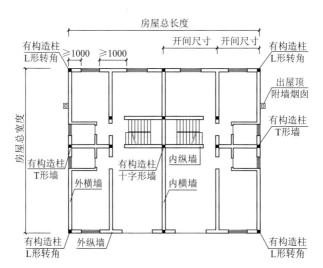

图 7-4　8 度设防区二层砖混结构构造柱布置示意

（注：8 度设防区单层砖混结构构造柱布置可参考图 7-3）

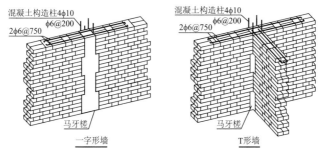

图 7-5　构造柱与墙体连接构造示意图

（4）构造柱与圈梁或楼板连接处，构造柱的纵向钢筋应穿过圈梁和楼板，保证构造柱纵向钢筋上下拉通。如图 7-6 所示。

（5）构造柱可不单独设置基础，但应深入室外地面以下 500mm或与埋深不小于 500mm 的基础圈梁相连。如图 7-7 所示。

（6）当砖砌女儿墙高度大于 600mm 时，应在屋顶周边每隔 4m左右设置女儿墙构造柱。构造柱最小截面不宜小于 240mm×180mm，纵向钢筋不小于 4φ10，箍筋直径宜采用 φ6，间距不宜大于 200mm。

女儿墙顶部应设置混凝土压顶，如图7-8所示。

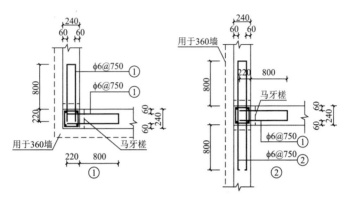

图7-6　构造柱与墙体连接构造详图

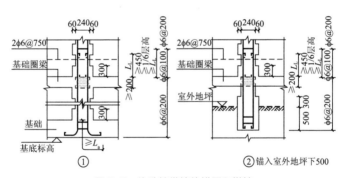

图7-7　构造柱纵筋的锚固和搭接

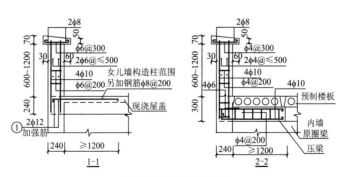

图7-8　女儿墙构造柱

小知识

钢筋混凝土构造柱与圈梁的作用

构造柱与圈梁形成房屋空间骨架，约束墙体并显著提高墙体的抗震承载能力，使房屋不过早开裂；大震时显著提高房屋的变形能力，避免房屋倒塌或不过早倒塌；提高房屋的整体性；当地基基础较薄弱时，还可以调整房屋的不均匀沉降。实践证明，设置钢筋混凝土构造柱与圈梁后，房屋的安全性会大幅度提高。

7.1.3　钢筋混凝土圈梁

（1）圈梁布置原则：抗震设防烈度为 8 度的二层民居及有檩屋盖的所有纵横墙的基础顶部、每层楼、屋盖（墙顶）标高处应设置现浇钢筋混凝土圈梁，且内横墙方向的圈梁间距不应大于 8m，楼梯间四周也应设置现浇钢筋混凝土圈梁。

（2）现浇钢筋混凝土楼盖与墙体有可靠连接的房屋，可以不另设圈梁，但楼盖沿墙体周边应加强配筋并应与相连的构造柱和墙可靠连接。

（3）圈梁的构造应符合下列要求：

1）圈梁平面应闭合，当遇洞口需切断时应上下搭接，搭接长度不小于二者高差的 2 倍且不小于 1.0m。如图 7-9 所示。

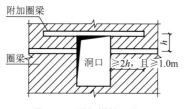

图 7-9　圈梁搭接示意图

2）圈梁顶标高：当采用预制楼板时可采用板平或板底圈梁；当

采用现浇楼板时，宜与现浇楼板板面同一标高。如图 7-10、图 7-11 所示。

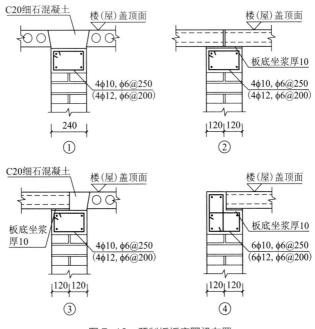

图 7-10 预制板板底圈梁布置

（4）钢筋混凝土圈梁的截面高度不应小于 120mm，基础圈梁的截面高度不应小于 180mm。圈梁纵向钢筋不应小于 $4\phi10$，箍筋直径采用 $\phi6$，间距不应大于 250mm。

（5）钢筋混凝土圈梁兼作过梁时，过梁部分的钢筋应另行增配。

7.1.4 过梁

门窗洞口顶上的过梁为承重构件，抗震设防烈度为 6、7 度且洞口净宽 $L_n \leqslant 1.2m$ 时，可设置钢筋砖过梁；当洞口净宽大于上述规定及 8 度设防时应采用钢筋混凝土过梁，钢筋混凝土过梁支承长度不应小于 240mm。过梁配筋可参照图 7-12 及表 7-3 设置。

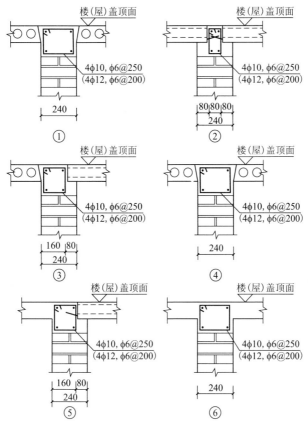

图 7-11　预制板板平圈梁布置

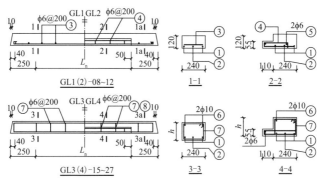

图 7-12　钢筋混凝土过梁配筋示意

钢筋混凝土过梁配筋参考表 表 7-3

净跨 L_n （mm）	高度 h （mm）	构件编号（240墙）	主筋①+②		构件编号（370墙）	主筋①+②	
			HPB300 （φ）	HRB400 （Φ）		HPB300 （φ）	HRB400 （Φ）
600	120	GL1-06	2φ8	—	GL2-06	3φ8	—
800		GL1-08	2φ8	—	GL2-08	3φ8	—
900		GL1-09	2φ10	—	GL2-09	3φ10	—
1000		GL1-10	2φ12	—	GL2-10	3φ10	—
1200		GL1-12	3φ12	—	GL2-12	3φ12	—
1500	180	GL3-15	2Φ12+1Φ10	2Φ12	GL4-15	2Φ12+1Φ10	—
1800		GL3-18	2Φ14+1Φ12	3Φ14	GL4-18	3Φ14	3Φ12
2100		GL3-21	3Φ16	3Φ14	GL4-21	2Φ18+1Φ16	2Φ14+1Φ16
2400	240	GL3-24	2Φ16+1Φ14	2Φ14+1Φ12	GL4-24	3Φ16	3Φ14
2700		GL3-27	3Φ18	2Φ16+1Φ14	GL4-27	—	3Φ16

注：表中过梁设计荷载包括梁自重、高度 $L_n/3$ 墙体的均布自重荷载及外加楼屋盖荷载 15kN/m。

有条件时，门窗过梁最好现浇。好处是：质量有保证且支承处与墙体粘结好。

7.1.5 钢筋混凝土楼（屋）盖

砖混结构农房的楼面或屋盖，一般可采用现浇混凝土楼板或空心预制板。8度及8度以上抗震设防地区，尽量采用钢筋混凝土现浇楼板，不宜采用空心预制板；8度以下设防地区的二层或三层农房，为增强房屋的整体性与屋面防水性能，屋面宜尽量采用现浇钢筋混凝土楼板；当采用空心预制板时，应保证预制板自身质量，并采取必要的连接构造措施。

（1）现浇混凝土楼板

现浇混凝土楼板是在现场经支模、绑扎钢筋、浇筑混凝土等施工工序,再养护达到一定强度后拆除模板而成型的楼板结构。由于楼板为整体浇筑成型,因此结构的整体性强、刚度好,有利于抗震。现浇楼板根据平面尺寸与受力情况分为单向板与双向板,按照有无大梁支撑分为板式楼板与梁板式楼板。

1)通常现浇楼板伸进纵横墙内的支承长度不应小于120mm。

2)对于一块四边均有支撑的现浇楼板,当板的长边尺寸 l_2 与短边尺寸 l_1 之比 l_2/l_1 大于2时,在荷载作用下,楼板基本上只在短边方向受力,长边方向受力较小,此时受力钢筋应该主要沿短边方向布置,长边方向仅为构造钢筋,这种楼板称为单向受力板,简称"单向板";当板的长边尺寸 l_2 与短边尺寸 l_1 之比 l_2/l_1 小于2时,在荷载作用下,楼板在长边方向与短边方向均受力,此时在两个方向均应布置受力钢筋,这种楼板称为双向受力板,简称"双向板"。如图7-13所示。

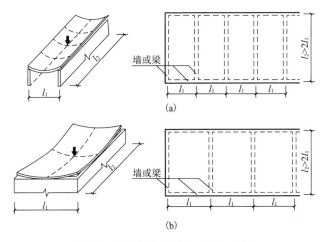

图7-13　现浇单向板与双向板示意图
(a)现浇单向板;(b)现浇双向板

现浇单向板的厚度一般取短边跨度的 1/35~1/40,双向板的厚度一般取短边跨度的 1/40~1/45。

3)将楼板现浇成一块平板,并且四边直接支承在墙上,这种楼板称为"板式楼板"。板式楼板底面平整，便于支模施工，是最简单的一种形式。一般农房结构中开间尺寸不大的房间如卧室、厨房、卫生间、走廊等均属这种形式。板式楼板的经济跨度一般在3.0~4.5m之间。

4）当房间或客厅的跨度较大时，如仍再用板式楼板，会因跨度较大而增加板厚。这不仅使材料用量增多，而且板的自重加大，配筋加大，不太经济。为了使楼板结构的受力与传力更为合理，应采取措施控制板的跨度，通常可在板下增设大梁，从而减小板跨。这样，楼板上的荷载有相当一部分先传给大梁，再由大梁传给墙或柱。这种由板和梁组成的楼板称为"梁板式楼板"，如图7-14所示。

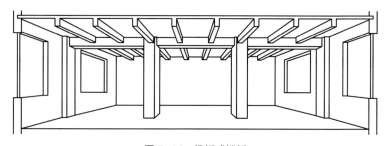

图7-14　梁板式楼板

（2）预制楼板

预制楼板一般为预应力钢筋混凝土预制圆孔板，简称"预制板"。当圈梁在板下皮时，预制板板端伸进外墙的长度不应小于120mm，伸入内墙的长度不小于100mm，在梁上的长度不应小于80mm。预制板的安装构造如图7-15所示。

当预制板的跨度大于4.8m且与外墙平行时，靠外墙的预制板侧边应与墙或圈梁拉接，如图7-16所示；预制板之间板缝也宜增设加强钢筋，并锚入墙体或圈梁之中，如图7-17所示。

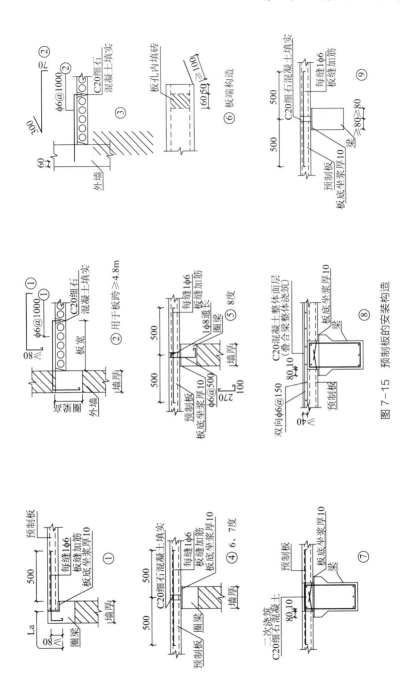

图 7-15　预制板的安装构造

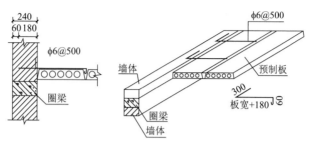

图7-16 预制板与墙体的拉接（一）

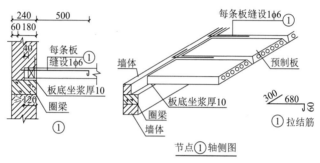

图7-17 预制板与墙体的拉接（二）

7.2 砖木结构

以烧结普通砖、多孔砖、蒸压灰砂砖、页岩砖和水泥免烧砖等作为承重墙体，屋盖采用木檩条或木屋架的房屋结构称为砖木结构。砖木结构与砖混结构一样，是使用最广泛的农房结构形式之一。砖木结构墙体做法、构造柱、圈梁布置等同砖混结构，仅屋盖自身做法及其与墙体的连接不同，本节仅对这些不同之处予以介绍。

7.2.1 密檩平顶木屋盖

密檩平顶木屋盖指采用密布木檩条承重，木檩条沿纵向布置，水平支承在横墙与山墙上。这种屋盖结构在新疆南疆、青海、甘肃及西南山区农房建造时较多采用。如图 7-18 所示。

图 7-18　密檩平顶木屋盖照片

（1）当采用密檩平顶木屋盖时，为了保证屋盖的整体性，7、8 度设防时应在木檩条下沿墙顶通长设置钢筋混凝土圈梁或木圈梁，6 度设防时应在木檩条下设置通长木垫板。木圈梁应采用方木，不应采用原木或木椽，截面尺寸宜不小于 180mm×100mm；通长木垫板宽度不宜小于墙厚的 2/3，厚度不宜小于 40mm。

（2）木圈梁或木垫板下应铺设砂浆垫层。

（3）整体木圈梁在房屋角部或搭接处应采用燕尾榫连接，并用扒钉将两端钉牢；房屋角部、纵横墙交接处，在墙顶构造柱内尚应预埋锚栓，将木圈梁或木垫板与墙体可靠连接，锚栓直径不小于 M10，锚杆锚入混凝土内不小于 300mm。如图 7-19、图 7-20 所示。

图 7-19　木圈梁连接示意

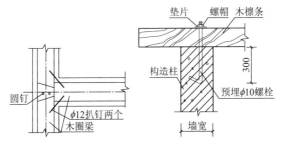

图 7-20　木圈梁与墙体的连接

（4）木檩条尽量采用方木，截面尺寸不小于 180mm×100mm，水平间距不大于 0.8m；当采用圆木梁或木椽时，木材小头直径不小于 100mm，且在木圈梁支承处两侧应采用木楔或木块夹紧。

（5）密檩上应铺木望板，木望板上钉竹席或苇席，再敷设保温材料与防水材料。

7.2.2　硬山搁檩木屋盖

在我国降雨量较丰富的南方及部分北方地区，农房建筑形式多采用坡屋顶。当不采用木屋架而是将檩条沿纵向直接支承在坡形的山墙与横墙顶部时，称为"硬山搁檩"。

> **小知识**

简易"硬山搁檩"木屋盖农房为什么不抗震？

当前，"硬山搁檩"坡屋顶在全国各地农房建造时被普遍采用，其主要原因是做法简单方便。房屋山墙、横墙砌好后即可架设檩条，檩条上铺设木椽后即可铺瓦。

但是这类农房绝大多数没有抗震构造措施或者构造措施设置不合理，总体抗震性能非常差。主要表现在：木檩条直接浮搁在坡形的墙上，且大多数与墙体没有连接，墙体对屋盖没有任何约束，非常不稳定；屋顶坡度较大时，坡形山墙、横墙顶部据檐口位置垂直高度过大，导致墙体自身不稳定；有的农房在檐口部位水平设置圈梁，但仍然不能保证圈梁以上墙体的安全（图 7-21）；当地震沿房屋纵向发生时，高耸、单薄没有任何约束的山墙非常容易外闪、倾倒，檩条及屋盖会随之塌落。汶川地震中，大量倒塌的坡屋顶砖木结构农房几乎都有这方面的原因（图 7-22）。因此，亟需对硬山搁檩木屋盖的做法予以规范。

图 7-21 常见"硬山搁檩"的不合理做法

图 7-22 汶川地震各极重灾区"硬山搁檩"农房的震害

（a）四川绵竹；（b）四川都江堰；（c）四川青川；（d）甘肃陇南

"硬山搁檩"砖木结构农房应采取以下构造措施：

（1）坡屋顶时，应采用双坡或拱形屋面；山墙顶部至房屋檐口高度不宜大于 1.6m。

（2）檩条支承处应设垫木，垫木下应铺设砂浆垫层。如图 7-23 所示。

（3）端檩应出檐，内墙上檩条应满搭或采用夹板对接或燕尾榫、扒钉连接；檩条在山墙或横墙支承两侧宜设方木卡住墙体，以防止檩条滑落。如图 7-24 所示。

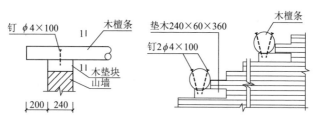

图 7-23　檩条支承处应设垫木

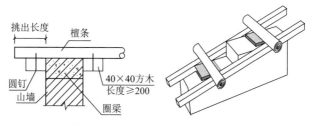

图 7-24　檩条支承处两侧设卡位方木

（4）木屋盖各构件应采用圆钉、扒钉或铅丝等相互连接。

（5）8度区硬山搁檩时，山墙上还应设置爬山钢筋混凝土圈梁；在檩条支承处宜将混凝土找平，做成台阶状，并埋设锚栓将檩条与爬山圈梁牢靠连接。如图 7-25、图 7-26 所示。

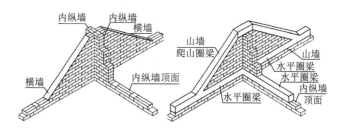

图 7-25　有檩屋盖山墙设置爬山圈梁示意图

（6）竖向剪刀撑宜设置在中间檩条和中间系杆处；剪刀撑与檩条、系杆之间及剪刀撑中部宜采用螺栓连接；剪刀撑两端与檩条、系杆应顶紧不留空隙。如图 7-27 所示。

（7）椽子与木檩条搭接处应满钉，以增强屋盖的整体性。

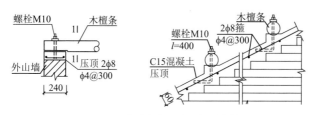

图 7-26　木檩条与爬山圈梁的连接

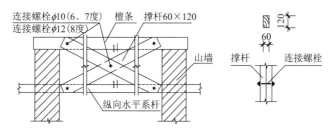

图 7-27　硬山搁檩屋盖山尖墙竖向剪刀撑

7.2.3　木屋架屋盖

木屋架屋盖是由屋架、檩条和椽子共同组成的坡面结构形式。木屋架自身的连接和整体性以及屋盖各构件之间连接的强弱，对房屋的抗震性能有很大影响。

木屋架必须设置下弦杆（图 7-28），不应采用无下弦杆的人字或拱形屋架。西北地区木屋架盖农房如图 7-29 所示。

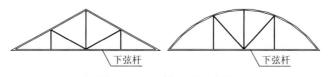

图 7-28　下弦杆设置示意图

当采用木屋架屋盖时，应符合下列构造要求：

（1）木屋架上檩条应满搭或采用夹板对接或燕尾榫、扒钉连接。

（2）屋架上弦檩条搁置处应设置檩托或木垫块，檩条与屋架应采用扒钉或铅丝等相互连接（图 7-30）。

图 7-29　西北地区木屋架屋盖农房

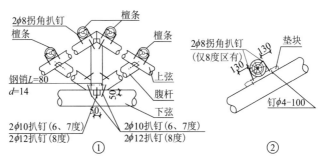

图 7-30　木屋架与檩条的连接示意

（3）三角形木屋架的跨中处应设置纵向水平系杆，系杆应与屋架下弦杆钉牢；屋架腹杆与弦杆除用暗榫连接外，还应采用双面扒钉钉牢。

（4）檩条与其上面的椽子或木望板应采用圆钉、铅丝等相互连接（图 7-31）。

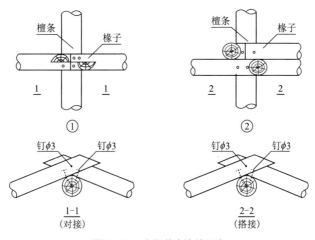

图 7-31　木椽节点连接示意

（5）8、9度时，在端开间的两榀屋架之间应设置竖向剪刀撑。剪刀撑宜设置在靠近上弦屋脊节点和下弦中间节点处，剪刀撑与屋架上、下弦之间及剪刀撑中部宜采用螺栓连接（图 7-32）；剪刀撑两端与屋架上、下弦应顶紧不留空隙。

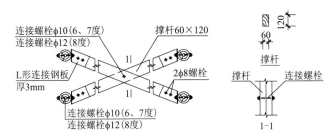

图 7-32　三角形木屋架竖向剪刀撑

7.3　木结构

木结构建筑在我国具有悠久的历史。就其结构形式而言，木结构建筑大致有井干式、穿斗式、抬梁式等多种类型。对普通农房来讲，常见木结构建筑有穿斗木构架、木柱木构架、木柱木梁三种形式，围护墙体可以是砖、砌块、生土或石砌墙等。

穿斗木构架：是指建造时檩条直接支撑在柱上，檩上布椽，屋面荷载直接由檩传至柱的一种结构形式。穿斗式木构架中，纵横向木梁和木柱用扣榫结合起来形成空间构架，并且横梁端部用木销穿过防止脱榫，每榀屋架一般有 3~5 根柱。因此，房屋的连接构造和整体性较强，横向稳定性也较好。在外形上，有一坡、两坡和四坡形式，常用的是三柱落地或是五柱落地的两坡房屋。南方各省有许多是两层或带有阁楼的穿斗式木构架房屋。如图 7-33 所示。

木柱木构架：屋架直接支撑在纵墙两侧的木柱之上，屋架与木柱用穿榫连接，有的节点加扒钉或铁钉结合。房屋比较高大、空旷，横向刚度较弱。如图 7-34 所示。

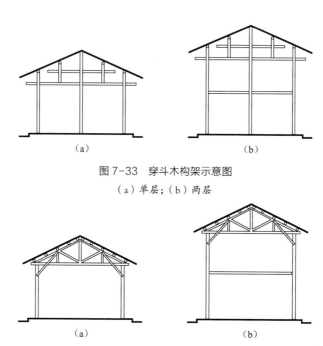

图 7-33　穿斗木构架示意图

（a）单层；（b）两层

图 7-34　木柱木屋架示意图

（a）单层；（b）两层

木柱木梁（平顶式）：一般做成强梁弱柱或大梁细柱，梁柱连接简单，屋顶一般铺设草泥或白灰焦渣，因此屋面重量较大；房屋矮小，屋顶坡度较小，没有高大且不稳定的山尖。该类型房屋在西北干旱少雨地区农村应用较多。如图 7-35（a）所示。

木柱木梁（坡顶式）：与平顶式不同，坡顶式坡度相对较大，屋面铺瓦。如图 7-35（b）所示。

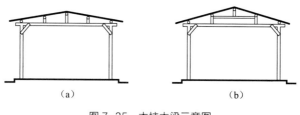

图 7-35　木柱木梁示意图

（a）平顶式；（b）坡顶式

7.3.1　一般要求

（1）木结构房屋的总高度和层数应符合表 7-4 的要求。

木结构房屋高度（m）和层数限值　　　　表 7-4

结构类型	围护墙种类		烈　度							
			6		7		8		9	
			高度	层数	高度	层数	高度	层数	高度	层数
穿斗木构架和木柱木屋架	砖墙	实心砖多孔砖（240）	7.2	2	7.2	2	6.6	2	3.3	1
		小砌块	7.2	2	7.2	2	6.6	2		
		多孔砖（190）蒸压砖	7.2	2	6.6	2	6.0	2	—	—
		空斗墙	7.2	2	6.0	2	3.3	1	—	—
		生土墙	6.0	2	4.0	1	3.3	1	—	—
	石墙	细料石	7.0	2	7.0	2	6.0	2	—	—
		粗料石	7.0	2	6.6	2	3.6	1	—	—
		平毛石	4.0	1	3.6	1	—	—	—	—
木柱木梁	砖墙	实心砖多孔砖（240）	4.0	1	4.0	1	3.6	1	3.3	1
		小砌块	4.0	1	4.0	1	3.6	1		
		多孔砖（190）蒸压砖	4.0	1	4.0	1	3.6	1		
		空斗砖	4.0	1	3.6	1	3.3	1		
	生土墙		4.0	1	4.0	1	3.3	1		
	石墙	细料石	4.0	1	4.0	1	3.6	1		
		粗料石	4.0	1	4.0	1	3.6	1		
		平毛石	4.0	1	3.6	1	—	—		

注：1. 房屋总高度指室外地面到主要屋面板板顶或檐口的高度。

　　2. 坡屋面应算到山尖墙的 1/2 高度处。

（2）房屋的层高：单层房屋不宜超过 3.6m；二层房屋不宜超过 3.3m。

（3）木结构房屋围护墙墙段的局部尺寸限值，应符合表 7-5 的规定。

木结构房屋围护墙墙段局部尺寸限值（m）   表 7-5

部　位	6、7 度	8 度	9 度
窗间墙最小宽度	0.8	0.9	1.2
外墙尽端至门窗洞边的最小距离	0.8	0.9	1.2
内墙阳角至门窗洞边的最小距离	0.8	0.9	1.2

（4）木柱木屋架和穿斗木屋架房屋宜采用双坡屋顶，且坡度不宜大于 30 度；屋面宜采用轻质材料（草、瓦屋面）。

（5）生土围护墙的勒脚部分，应采用砖、石砌筑，并采取有效的排水防潮措施。

（6）围护墙应砌筑在木柱外侧，不宜将木柱全部包入墙体中；木柱下应设置柱脚石，不应将未做防腐、防潮处理的木柱直接埋入地基土中。

（7）木结构房屋的围护墙应与木结构可靠连接，围护墙体沿高度应设置配筋砖圈梁、配筋砂浆带或木圈梁；砖、砌块围护墙厚度不应小于 180mm，土坯或夯土墙厚度不应小于 300mm（包括面层泥浆厚度）；石砌墙厚度不应小于 250mm。

（8）木结构房屋应设置端屋架或木卧梁，不得采用硬山搁檩形式。

（9）承重木柱梢径不宜小于 150mm。

7.3.2　构造措施

（1）柱脚与柱脚石之间宜采用石销键或石榫连接（图 7-36），也可采用粗钢筋做销键或采用预埋铁件与螺栓连接（图 7-37）。柱脚石埋入地面以下的深度不应小于 200mm。

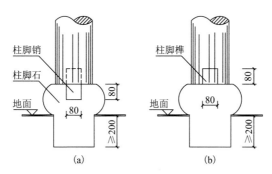

图 7-36 柱脚与柱脚石的锚固（一）

（a）销键结合；（b）榫结合

图 7-37 柱脚与柱脚石的锚固（二）

（a）钢筋销键连接；（b）预埋铁件、螺栓连接

实际农房中各种各样不安全的"柱脚石"

木结构农房中，木柱底部一般均设置"柱脚石"，也叫"柱础"。柱脚石的作用主要是保护木柱底部不受潮气的影响以致过早腐烂，从而提高木柱的耐久性。在各地优秀民居建筑中，柱脚石作为一个建筑构件，有的做工非常精妙，工艺非常讲究。但在普通农房建筑中，也有很多非常不讲究，甚至存在严重安全隐患。图 7-38 为汶川地震灾害重建中拍摄到的各种各样不安全的"柱脚石"。

图 7-38　存在严重安全隐患的柱脚石

（2）7度以上设防，当围护墙为砖（小砌块）围护墙和石围护墙时，宜在墙体中部与顶部设置配筋砖圈梁或配筋砂浆带。配筋砖圈梁不少于三皮砖（两道灰缝），每道灰缝内配置钢筋不少于 2φ6；配筋砂浆带厚度不小于 60mm，纵向钢筋不少于 2φ6。配筋砖圈梁、配筋砂浆带与柱的连接如图 7-39 所示。

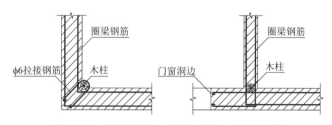

图 7-39　配筋砖圈梁、配筋砂浆带与木柱的拉接

（3）7度以上设防，当围护墙为生土围护墙时，宜在墙体中部与

顶部设置木圈梁。木圈梁接头处及与木柱的连接如图 7-40 所示。

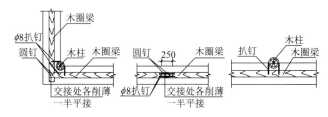

图 7-40 木圈梁接头处及与木柱的连接

（4）内隔墙墙顶与梁或屋架下弦应每隔 1000mm 采用木夹板或铁件连接（图 7-41）。

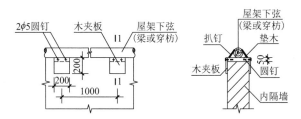

图 7-41 内隔墙墙顶与屋架下弦的连接

（5）山墙、山尖墙墙揽的设置与构造应符合下列要求：

1）抗震设防烈度为 6、7 度时山墙设置的墙揽数不宜少于 3 个，8、9 度或山墙高度大于 3.6m 时墙揽数不宜少于 5 个（图 7-42）；墙揽应靠近山尖墙面布置，最高的一个应设

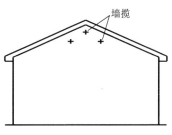

图 7-42 山墙墙揽的设置位置

置在脊檩正下方，纵向水平系杆位置应设置一个，其余的可设置在其他檩条的正下方或屋架腹杆、下弦及柱的对应位置处。

2）檩条出山墙时可采用木墙揽（图 7-43），木墙揽可用木销或铁钉固定在檩条上，并与山墙卡紧。

3）檩条不出山墙时宜采用铁件（如角铁、梭形铁件等）墙揽，铁

件墙揽可根据设置位置与檩条、屋架腹杆、下弦或柱固定（图 7-44）。

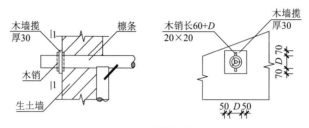

图 7-43　木墙揽连接做法

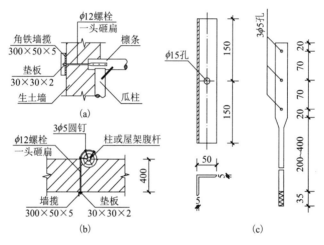

图 7-44　角铁墙揽连接做法

（a）墙揽与檩条的连接；（b）墙揽与柱（屋架腹杆）的连接；（c）角铁墙揽做法

（6）穿斗木构架房屋的构件设置及节点连接构造应符合下列要求：

1）木柱横向应采用穿枋连接，穿枋应贯通木构架各柱，在木柱的上、下端及二层房屋的楼板处均应设置。

2）榫接节点宜采用燕尾榫扒钉连接；采用平榫时应在对接处两侧加设厚度不小于 2mm 的扁铁，扁铁两端用两根直径不小于 12mm 的螺栓夹紧。

3）穿枋应采用透铆贯穿木柱，穿枋端部应设木销钉，梁柱节点处应采用燕尾榫（图 7-45）。

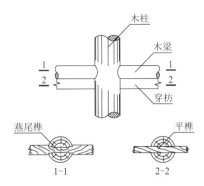

图 7-45　梁柱节点处燕尾榫构造形式

4）当穿枋的长度不足时，可采用两根穿枋在木柱中对接，并应在对接处两侧沿水平方向加设扁铁，扁铁厚度不宜小于 2mm、宽度不宜小于 60mm，两端用两根直径不小于 12mm 的螺栓夹紧。

5）立柱开槽宽度和深度应符合表 7-6 的要求。

穿斗木构架立柱开槽宽度和深度　　　　　　　　表 7-6

榫类型	柱类型	圆　柱	方　柱
透榫宽度	最小值	$D/4$	$B/4$
	最大值	$D'/3$	$3B/10$
半榫深度	最小值	$D'/6$	$B/6$
	最大值	$D'/3$	$3B/10$

注：D—圆柱直径；D'—圆柱开榫一端直径；B—方柱宽度。

（7）三角形木屋架的跨中处应设置纵向水平系杆，系杆应与屋架下弦杆钉牢；屋架腹杆与弦杆除用暗榫连接外，还应采用双面扒钉钉牢。

（8）三角形木屋架或木梁与柱之间的斜撑宜采用木夹板，并采用螺栓连接木柱与屋架上、下弦（木梁）；木柱柱顶应设置暗榫插入柱顶下弦（木梁）或附木中，木柱、附木及屋架下弦（木梁）宜采用 "U" 形扁铁和螺栓连接（图 7-46、图 7-47）。

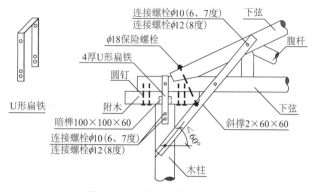

图 7-46　三角形屋架加设斜撑

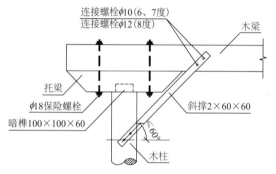

图 7-47　木柱与木梁加设斜撑

（9）穿斗木构架纵向柱列间的剪刀撑或斜撑上端与柱顶、下端与柱身应采用螺栓连接（图 7-48）；剪刀撑或斜撑的设置应与门窗洞口位置协调。

（10）檩条与屋架（梁）的连接及檩条之间的连接应符合以下要求：

1）连接用的扒钉直径，当 6、7 度时宜采用 $\phi 8$，8 度时采用 $\phi 10$，9 度时采用 $\phi 12$；

2）搁置在梁、屋架上弦上的檩条宜采用搭接，搭接长度不应小于梁或屋架上弦的宽度（直径），檩条与梁、屋架上弦以及檩条与檩条之间应采用扒钉或 8 号铅丝连接；

3）当檩条在梁、屋架、穿斗木构架柱头上采用对接时，应采用

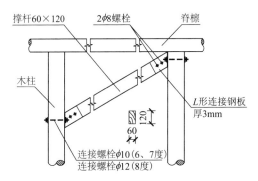

图 7-48 穿斗木构架竖向斜撑

燕尾榫对接方式，且檩条与梁、屋架上弦、穿斗木构架柱头应采用扒钉连接；檩条与檩条之间应采用扒钉、木夹板或扁铁连接；

4）三角形屋架在檩条斜下方一侧（脊檩两侧）应设置檩托支托檩条；

5）双脊檩与屋架上弦的连接除应符合以上要求外，双脊檩之间尚应采用木条或螺栓连接。

（11）椽子或木望板应采用圆钉与檩条钉牢。

（12）当砖（小砌块）围护墙、生土围护墙和石围护墙的门窗洞口处设置钢筋砖（石）过梁或木过梁时，应符合下列要求：

1）墙厚为 180mm、240mm 的砖（小砌块）墙，钢筋砖过梁配筋应采用 2φ6，墙厚为 370mm、490mm 时，应采用 3φ6；

2）墙厚为 300mm 以下的石墙，钢筋石过梁配筋应采用 2φ6，墙厚超过 300mm 时，应采用 3φ6；

3）木过梁截面尺寸不应低于表 7-7 的要求。

木过梁截面尺寸（mm）   表 7-7

墙厚（mm）	门窗洞口宽度 b（m）					
	$b \leq 1.2$			$1.2 < b \leq 1.5$		
	矩形截面	圆形截面		矩形截面	圆形截面	
	高度 h	根数	直径 d	高度 h	根数	直径 d
240	35	5	45	45	4	60

续表

墙厚 （mm）	门窗洞口宽度 b（m）					
	b ≤ 1.2			1.2<b ≤ 1.5		
	矩形截面	圆形截面		矩形截面	圆形截面	
	高度 h	根数	直径 d	高度 h	根数	直径 d
370	35	8	45	45	6	60
500	35	10	45	45	8	60
700	35	12	45	45	10	60

注：矩形截面木过梁的宽度同墙厚；d 为每一根的直径。

7.4　生土结构

生土结构房屋是由未经过焙烧，仅经过简单加工的原状土质材料建造的房屋，包括土坯墙或夯土墙承重建筑、土窑洞等。生土结构房屋在我国西部广大农村地区量大面广，是我国传统建筑的一个重要组成部分。

7.4.1　一般要求

（1）土坯墙、夯土墙承重房屋适用于 8 度设防以下地区，9 度设防区不应采用。

（2）生土结构房屋的总高度和层数宜符合表 7-8 的规定。

生土结构房屋高度（m）和层数限值　　　表 7-8

| 烈　　度 | | | | | |
| 6 | | 7 | | 8 | |
高度	层数	高度	层数	高度	层数
6.0	2	4.0（带夹层）	1	3.3	1

注：房屋总高度指室外地面到平屋面屋面板板顶或坡屋面檐口的高度。

（3）房屋的层高：单层房屋不宜超过 3.6m；二层房屋不宜超过 3.0m。

（4）承重横墙的最大间距应符合表 7-9 的规定。

承重横墙的最大间距（m）　　　　表 7-9

房屋层数	楼层	烈　　　度		
		6	7	8
一层	1	6.6	4.8	3.3
二层	2	6.6	—	—
	1	4.8	—	—

（5）生土结构房屋的局部尺寸限值，应符合表 7-10 的规定。

生土结构房屋局部尺寸限值（m）　　　　表 7-10

部　位	6 度	7 度	8 度
承重窗间墙最小宽度	1.0	1.2	1.4
承重外墙尽端至门窗洞边的最小距离	1.0	1.2	1.4
非承重外墙尽端至门窗洞边的最小距离	1.0	1.0	1.0
内墙阳角至门窗洞边的最小距离	1.0	1.2	1.5

（6）生土结构房屋门窗洞口的宽度，6、7 度时不应大于 1.5m，8 度时不应大于 1.2m。为减少开洞对墙体的削弱，宜尽量采用竖窗，窗高与窗宽之比可以大于 1.5 以上。夯土墙建议采用整体窗套，窗套在土墙夯筑时事先埋设固定。如图 7-49 所示。

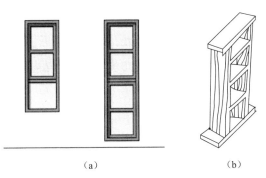

（a）　　　　　　　　　　　（b）

图 7-49　穿斗木构架竖向斜撑

（a）竖窗；（b）整体窗套

（7）生土结构房屋的结构体系应符合下列要求：

1）应优先采用横墙承重或纵横墙共同承重的结构体系；

2）8度抗震设防时，不宜采用硬山搁檩屋盖形式。

（8）生土结构房屋不宜采用单坡屋面；坡屋顶的坡度不宜大于30°；屋面宜采用轻质材料（草、瓦屋面）。

（9）生土墙应采用毛石、片石、凿开的卵石、黏土实心砖或灰土（三合土）基础，基础墙体应采用水泥砂浆砌筑。

（10）生土承重墙体厚度：外墙不宜小于400mm，内墙不宜小于300mm。

7.4.2　构造措施

（1）7度与8度时，生土结构房屋应按下列要求设置木构造柱（图7-50）：

1）在外墙转角及内外墙交接处，木构造柱的梢径不应小于120mm；

2）木构造柱设立并嵌固后，再砌筑土坯墙或夯筑土坯墙；

3）木构造柱应伸入墙体基础内，并应采取防腐、防潮措施。

图7-50　生土墙内木构造柱的设置

（2）7度与8度时，应在生土墙体顶部设置木圈梁；当墙体高度较大时（超过3米），宜沿墙高在墙内设置配筋砂浆带，以提高墙体的抗震性能（图7-51）。具体要求如下：

1）木圈梁的截面尺寸不应小于（高 × 宽）40mm × 120mm。

图 7-51 生土墙砂浆配筋带施工

2）配筋砂浆带厚度不应小于 60mm；砂浆强度等级不应低于 M5；生土墙厚在 400mm 以下时，配筋砖圈梁或配筋砂浆带的纵向钢筋不应少于 $2\phi6$，墙厚超过 400mm 时，纵向钢筋不应少于 $3\phi6$。图 7-52 为某夯土墙村民活动中心设置砂浆配筋带的照片。

图 7-52 某夯土墙房屋砂浆配筋带的设置

（3）生土墙应在纵横墙交接处沿高度每隔 500mm 左右设一层荆条、竹片、树条等编制的拉接网片，每边伸入墙体应不小于 1000mm 或至门窗洞边（图 7-53、图 7-54），拉接网片在相交处应绑扎，当墙中设有木柱时，拉接材料与木柱之间应采用 8 号铅丝连接。

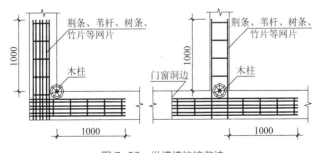

图 7-53 纵横墙拉接做法

图 7-54　竹条在夯土墙中的布置实例

（4）生土结构房屋门窗洞口过梁应符合下列要求：

1）生土墙宜采用木过梁，木过梁可以采用矩形截面，也可以采用圆形截面（如多根短木椽并接在一起）。

圆木过梁
木垫板

图 7-55　圆木过梁做法实例

2）当洞口采用多根木杆组成过梁时，木杆上表面宜采用木板、扒钉、铅丝等将各根木杆连接成整体，并应在支承处设置木垫板。如图 7-55 所示。

（5）硬山搁檩房屋檩条的设置与构造应符合下列要求：

1）檩条支承处应设置不小于 $400mm \times 200mm \times 60mm$ 的木垫板或砖垫（图 7-56）。

2）内墙檩条应满搭并用扒钉钉牢（图 7-56b），不能满搭时应采用木夹板对接或燕尾榫扒钉连接。

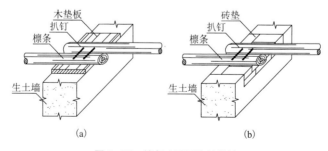

木垫板
扒钉
檩条
生土墙

砖垫
扒钉
檩条
生土墙

（a）　　　　　　　　　　（b）

图 7-56　檩条支承及连接做法

（a）檩条下为木垫板；（b）檩条下为砖垫

3）檐口处椽条应伸出墙外做挑檐，并应在纵墙墙顶两侧设置双檐檩夹紧墙顶（图 7-57），檐檩宜嵌入墙内。

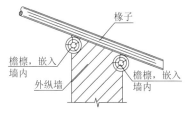

图 7-57　双檐檩檐口构造做法

4）山尖墙顶宜沿斜面放置木卧梁支撑檩条（图 7-58）。

5）木檩条宜采用 8 号铅丝与山墙配筋砂浆带或配筋砖圈梁中的预埋件拉接。

（6）硬山山墙高厚比大于 10 时应设置扶壁墙垛（图 7-59）。

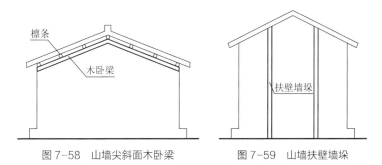

图 7-58　山墙尖斜面木卧梁　　　　　图 7-59　山墙扶壁墙垛

（7）7 度及以上地区，夯土墙在上下层接缝处应设置木杆、竹杆（片）等竖向销键（图 7-60），沿墙长度方向间距宜取 500mm 左右，长度可取 400mm 左右。

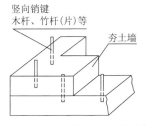

图 7-60　夯土墙上、下层之间竖向销键

7.5　石结构

石结构房屋是指由石砌墙作为主要承重构件的房屋，楼屋盖可以采用现浇混凝土板或木构件承重，一般农房多采用木屋顶或木楼盖，因此也称为"石木结构"。当采用现浇钢筋混凝土楼板时，又称为"石混结构"。

用于砌筑墙体的石材种类主要包括料石、乱毛石、平毛石和卵石等。其中，料石是指经过加工后规则的石块，根据加工的粗细程度有细料石、粗料石和毛料石；乱毛石是指形状不规则的石块；平毛石是指外形较薄、接近片状的石料；卵石是指河谷中天然形成的卵状石块。石结构房屋在山地、河谷等石料丰富地区农村建房时较多使用。农房常见的石结构承重墙体如图 7-61 所示。

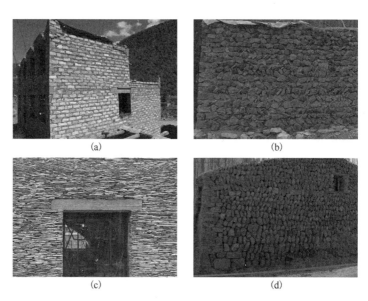

(a)　　　　　　　　　　　(b)

(c)　　　　　　　　　　　(d)

图 7-61　农房常见的石结构承重墙体

（a）料石墙体承重；（b）乱毛石墙体承重（地震区不应使用）；

（c）平毛石墙体承重；（d）卵石墙体承重（地震区不应使用）

7.5.1　一般要求

（1）地震设防区石结构农房，承重墙体应采用较规整的料石、平毛石砌筑，不应采用乱毛石或卵石砌筑。

（2）房屋的总高度和层数应符合表 7-11 的规定。

石结构房屋高度（m）和层数限值　　表 7-11

墙体类别		最小墙厚（mm）	烈　　度					
			6		7		8	
			高度	层数	高度	层数	高度	层数
料石砌体	细、半细料石砌体（无垫片）	240	7.0	2	7.0	2	6.6	2
	粗料、毛料石砌体（有垫片）	240	7.0	2	6.6	2	3.6	1
平毛石砌体		400	3.6	1	3.6	1	—	

注：房屋总高度指室外地面到檐口的高度；对带阁楼的坡屋面应算到山尖墙的 1/2 高度处。

（3）房屋的层高：单层房屋或二层房屋的底层不宜超过 3.6m；房屋二层以上不宜超过 3.0m。

（4）石结构房屋的局部尺寸限值，可参考砖混结构的相关规定。

（5）石结构房屋的结构体系应符合下列要求：

1）应优先采用横墙承重或纵横墙共同承重的结构体系；

2）8 度设防时不宜采用硬山搁檩屋盖形式，有条件时应尽量采用现浇钢筋混凝土楼板；

3）不应采用石板、石梁及独立料石柱作为承重构件。

（6）石结构房屋应在墙体顶部设置钢筋混凝土圈梁；当墙体高度较大时（超过 3m），宜沿墙高在墙内设置配筋砂浆带，以提高墙体的抗震性能。

（7）石材规格应符合下列要求：

1）料石的宽度、高度分别不宜小于 240mm 和 220mm；长度宜为高度的 2~3 倍且不宜大于高度的 4 倍。

2）平毛石应呈扁平块状，其厚度不宜小于 150mm。

（8）承重石墙厚度，料石墙不宜小于 240mm，平毛石墙不宜小于 400mm；当屋架或梁的跨度大于 4.8m 时，支承处宜加设壁柱，壁柱宽度不宜小于 400mm，厚度不宜小于 200mm，壁柱应采用料石砌筑，或采取其他加强措施（图 7-62）。

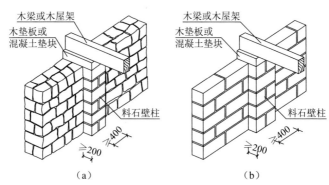

（a）   （b）

（注：墙厚 ≥ 450mm 时可不设壁柱） （注：双轨墙体可不设壁柱）

图 7-62 石墙壁柱砌法

（a）平毛石墙体；（b）料石墙体

7.5.2 构造措施

（1）石结构房屋应在墙体顶部设置钢筋混凝土圈梁，圈梁宽度不小于 240mm，且不小于墙厚的 2/3，圈梁高度不小于 150mm，纵筋不小于 4Φ10，箍筋不小于 Φ6@250。当采用木楼盖或木屋顶时，木檩条或木屋架应与圈梁可靠连接。7 度以下设防地区，当采用钢筋混凝土圈梁有困难时，也可以采用整体木圈梁代替。如图 7-63 所示。

图 7-63 石砌墙圈梁的设置实例

（2）当石墙采用泥浆砌筑或石砌墙高度较大（超过 3m）时，宜沿墙高在墙内设置配筋砂浆带，或在墙内铺设水平木板以提高墙体的抗震性能。具体要求如下：

1）当墙内设置配筋砂浆带时，砂浆强度等级不应低于 M5；配筋砂浆带的厚度不宜小于 50mm；纵向钢筋配置不应小于 2ϕ6，转角处钢筋应搭接。图 7-64 所示。

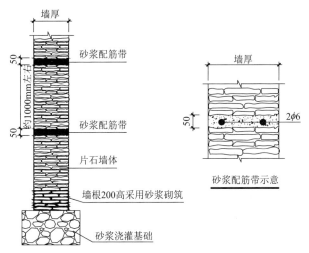

图 7-64　配筋砂浆带交接处钢筋搭接做法

2）当墙内设置水平木板拉接时，木板厚度不应小于 50mm，宽度不小于墙厚的 2/3；且墙角处应交错搭接。如图 7-65 所示。

图 7-65　石砌墙内水平拉接木板实例

（3）毛石墙砌筑时，应选择棱角分明的石料，长料多，碎料少，大小搭配合适，厚薄均匀，以免砌体承重后发生错位、劈裂、外鼓等现象。

墙体中间不得有铲口石（尖石倾斜向外的石块）和斧刃石（图7-66a、b），以防止墙体不稳或在重力荷载下劈裂。

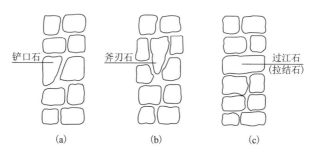

图 7-66　铲口石、斧刃石及过江石示意图

毛石砌体在每 0.7m² 左右的墙面至少应设一块拉接石。拉接石应均匀分布，相互错开。水平向同皮内的拉接石中距应不大于 2000mm，当墙厚小于等于 400mm 时，拉接石长度应等于墙厚，墙厚大于 400mm 时，可利用两块拉接石内外搭接，搭接长度不小于 150mm，其中一块长度不小于墙厚的 2/3，见图 7-67 所示；竖向一般 400~500mm 高应设置拉接石，如图 7-66（c）所示。

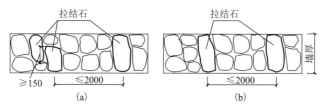

图 7-67　过江石（拉接石）平面布置示意图

（a）墙厚 >400mm；（b）墙厚 ≤ 400mm

（4）门窗洞口宜采用钢筋混凝土过梁、木过梁或钢筋石过梁。采用钢筋石过梁应符合下列要求：

1）钢筋石过梁底面砂浆层中的钢筋不小于 3φ10，间距不宜大于 100mm；

2）钢筋石过梁底面砂浆层的厚度不宜小于 30mm，砂浆层的强度等级不应低于 M5，钢筋伸入支座长度不宜小于 300mm；

3）钢筋石过梁截面高度内的砌筑砂浆强度等级不宜低于 M5。

（5）当采用硬山搁檩木屋盖时，屋盖木构件拉接措施应符合下列要求：

1）檩条应在内墙满搭并用扒钉钉牢，不能满搭时应采用木夹板对接或燕尾榫扒钉连接；

2）木檩条应用 8 号铅丝与山墙配筋砂浆带中的预埋件拉接；

3）木屋盖各构件应采用圆钉、扒钉或铅丝等相互连接。

（6）当采用木屋架屋盖时，屋架的构造措施、山墙与木屋架及檩条的连接、山墙（山尖墙）墙揽的设置与构造，以及屋架构件之间的连接措施等均应符合木屋盖的有关规定和要求。

小知识

传统"碉楼"民居石墙的砌筑工艺

汶川地震中发现，在很多重灾区，历史久远的传统"碉楼"民居比近一、二十年来建造的石砌结构民居震害普遍要小。调查发现，传统"碉楼"民居的施工工艺是保证其抗震性能相对较好的主要原因。表现在：

（1）石砌墙普遍较厚。一般墙根厚 600~800mm（有的甚至在 1m 以上），向上渐收。墙厚有两方面的好处：一是地震时墙体分担的平均应力较小，二是墙中局部空腔、石料之间搭接不好等不利因素表现的就不为突出，并且可以弥补这些不利影响。

（2）片毛石材料选择讲究。表现为：片毛石棱角分明，长料多，碎料少，大小搭配合适，厚薄均匀。

（3）墙体砌筑工艺好。

1）片石相互搭接，四周转角咬槎，泥土灰缝较薄且密实均匀；

2）墙面在一定间隔布置较大块石材（有的叫"过江石"），阻断水平通缝，使得墙体不易产生水平通缝或斜向裂缝。

3）墙体从下向上逐渐减薄，强度、刚度因此从下至上逐渐变小，符合现代抗震设计的力学原理；

4）碉楼房屋宽度较大时，背墙正中位置砌筑成鱼脊状突角（当地称"鱼脊背"）（图6-68、图6-69），起到局部加强与支撑作用，并增强了墙体的稳定性。类似于砌体房屋墙体中的扶壁柱。

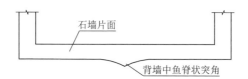

图7-68　传统"碉楼"民居中的"鱼脊背"示意图

图7-69　四川小金县藏族工匠正在讲解老房子的"鱼脊背"

5）石墙灰缝并非完全水平，其中四角灰缝略高于墙体中部灰缝，使得每一层间灰缝呈弧线形状，一方面符合墙体中部荷重较大的传力特点，另一方面由于灰缝中部低、两侧翘起，地震时会加大灰缝上下石料的摩擦力，从而增强墙体的抗震性能（图7-70）。图7-71为在四川丹巴拍摄的一栋（清）乾隆年间建造的"碉楼"角部照片。

6）听有些老年人讲，老房子在建造时，一般一年砌筑一层，待墙体干透并且石料与灰缝完全受力稳定后，来年再砌筑二层。

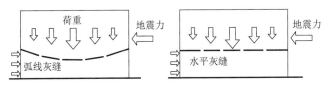

图 7-70　弧线灰缝增大了地震时墙体的摩擦力

图 7-71　传统"碉楼"角部翘起的灰缝

第 8 章

建 筑 施 工

8.1　建筑测量与放线

8.1.1　施工测量前的准备工作

（1）熟悉设计图纸：测量放线前，应熟悉房屋的设计图纸，仔细核对设计图纸的有关尺寸是否一致，了解新建房屋与相邻建筑的相互关系，施工条件及建房户要求等。

（2）准备仪器和工具：包括透亮胶管、线坠、钢卷尺、皮尺、木桩、测钎等。如图 8-1 所示。

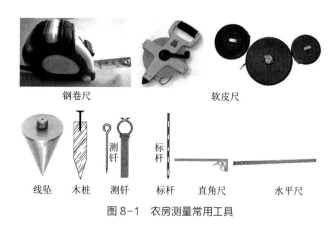

钢卷尺　　　　　　　　　　软皮尺

线坠　木桩　测钎　标杆　直角尺　　水平尺

图 8-1　农房测量常用工具

8.1.2　建筑定位

建筑定位，就是将建筑物外墙各轴线交点测设定位在地面上，作为基础和细部放线的依据。其方法有经纬仪定位法（用于精度要求较高的房屋）与"勾三股四弦五"定位法（用于精度要求不高的房屋）。农房修建一般可采用"勾三股四弦五"定位法定位。操作步骤如图 8-2 所示。

（1）在已有建筑一侧的 A、B 两点垂直墙面引等距离（一般为 2m 左右）两点 a、b，用皮尺或钢尺引出 ab 线的延长线 a—b—c（长度要超过拟建房屋 2~4m），在 a、b、c 三点上打入小木桩，并在木

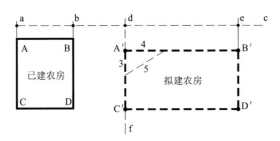

图8-2 "勾三股四弦五"定位法示意图

桩上钉上小钉作标志；

（2）自 b 点沿 b—c 方向量出 d 点（bd 为两房屋间的距离），再根据拟建房屋的长度确定 e 点（de 为拟建房屋的长度）；

（3）在 d 点利用"勾三股四弦五"定位法原理找出 b—d—c 的垂直线 df（f 点应在拟建房屋宽度外延长 2~4m）；

（4）从 d 点沿 df 方向量出 A′点（d—A′长度应为 ab 与 AB 垂直距离加上已建建筑与拟建建筑外侧相差距离）；在 df 线上，根据拟建建筑的宽度量出 C′点（C′—A′两点之间的距离为拟建房屋的宽度）；

（5）在 A′点处用"勾三股四弦五"的方法确定直角，用同样的方法找出 B′点与 D′点，并将各点连接起来；

（6）根据图纸尺寸，进行定位复核，直到满足要求为止。

8.1.3 建筑放线

建筑轴线及其交点确定后，应立即在建筑外侧、定位轴线的延长线上引测设置轴线控制桩和龙门板，作为基坑开挖后各施工阶段恢复轴线的依据。

（1）测设轴线控制桩

1）轴线控制桩一般设置在基槽边线外 2~3m 的地方，如图 8-3 所示。控制桩打下后，桩顶钉上小钉，准确标出轴线位置，并用混凝土固定木桩，如图 8-4 所示。

2）如果是多层建筑，为了便于向上引点，应设置在较远的地方。

3）如附近有永久建筑物，亦可把轴线投测到建筑物上，用红漆作出标志,以代替轴线控制桩。

4)最后,在轴线桩之间拉线,用白灰在地面上撒出基槽开挖边线。

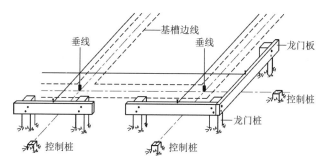

图8-3 轴线控制桩和龙门板的测设

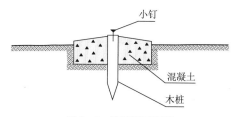

图8-4 控制桩示意图

(2)测设龙门板

为了施工方便,可在基槽边线外一定距离处钉设龙门板(图
8-3)。步骤和要求如下:

1)在建筑物四角和隔墙两端基槽开挖边线以外的1~1.5m处(具
体根据土质情况和挖槽深度确定)钉设龙门桩,龙门桩要钉得竖直、
牢固,其侧面应平行于基槽。

2)根据建筑场地的水准点,用水准测量的方法在龙门桩上测设
出建筑物的 ±0.000 标高线,其误差应不超过 ±5mm。

3)将龙门板钉在龙门桩上,使龙门板顶面对齐龙门桩上的
±0.000 标高线。

4)使用经纬仪或钢尺测量,将墙、柱轴线投测到龙门板顶面上,
并钉上小钉作为标志。投点误差应不超过 ±5mm。

5）用钢尺沿龙门板顶面检查轴线钉的间距，应符合要求。以龙门板上的轴线钉为准，将墙宽线划在龙门板上。

6）采用挖掘机开挖基槽时，为了不妨碍挖掘机工作，一般只测设控制桩，不设置龙门桩和龙门板。

8.1.4　基础施工测量

基础施工测量的主要内容是放样基槽开挖边线、控制基础的开挖深度，测设垫层的施工高程和放样基础模板的位置。

（1）放样基槽开挖边线和抄平

1）按照基础大样图上的基槽宽度，再加放坡上口的尺寸，计算出基槽开挖边线的宽度。由控制桩中心向两边各量基槽开挖边线宽度的一半，在龙门板上作出记号。

2）在两侧对应的记号点之间拉线，在拉线位置撒上白灰，就可以按照白灰线位置开挖基槽。

3）为了控制基槽的开挖深度，当基槽挖到一定的深度后，用水准测量的方法在基槽壁上、离坑底设计高程 0.3~0.5m 处、每隔 2~3m 和拐点位置，设置一些水平桩，如图 8-5 所示。建筑施工中，将高程测设称为"抄平"。

图 8-5　控制桩示意图

4）基槽开挖完成后，应根据控制桩或龙门板，复核基槽宽度和槽底标高，合格后，方可进行垫层施工。

（2）垫层和基础放样

1）如图 8-5 所示，基槽开挖完成后，应在基坑底设置垫层标高桩，使桩顶面的高程等于垫层设计高程，作为垫层施工的依据。

2）垫层施工完成后，根据控制桩（或龙门板），用拉线的方法，吊垂球将墙基轴线投设到垫层上，并用墨线弹出墙中心线和基础边线，作为砌筑基础的依据。

3）墙基轴线投设完成后，应按房屋设计尺寸进行全面复核。由于后续墙身砌筑均以此为准，因此这是确定建筑物位置的关键环节，要严格校核后方可进行砌筑施工。

（3）基础墙标高的控制

房屋基础墙是指 ±0.000m 以下的墙体，它的高度是用基础皮数杆来控制的。

1）基础皮数杆是一根木制的杆子，如图 8-6 所示，在杆上事先按照设计尺寸，将砖、灰缝厚度画出线条，并标明 ±0.000m 和防潮层的标高位置。

2）立皮数杆时，先在立杆处打一木桩，用水准仪在木桩侧面定出一条高于垫层某一数值（如 100mm）的水平线，然后将皮数杆上标高相同的一条线与木桩上的水平线对齐，并用大铁钉把皮数杆与木桩钉在一起，作为基础墙的标高依据。

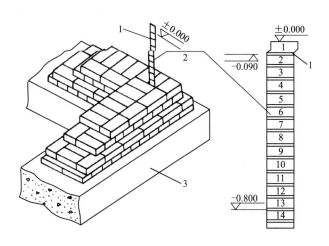

图 8-6　基础墙标高的控制

1—防潮层；2—皮数杆；3—垫层

（4）基础面标高的检查

基础施工结束后，应检查基础面的标高是否符合设计要求（也可检查防潮层）。可用水准仪测出基础面上若干点的高程与设计高程比较，允许误差为 ±10mm。

8.1.5 墙体施工测量

（1）墙体定位（图 8-7）

1）利用轴线控制桩或龙门板上的轴线和墙边线标志，用经纬仪或拉细绳挂锤球的方法将轴线投测到基础面上或防潮层上。

2）用墨线弹出墙中线和墙边线。

3）检查外墙轴线交角是否等于 90°。

4）把墙轴线延伸并画在外墙基础上，作为向上投测轴线的依据。

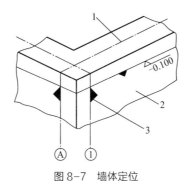

图 8-7 墙体定位

1—墙中心线；2—外墙基础；3—轴线

5）把门、窗和其他洞口的边线，也在外墙基础上标定出来。

（2）墙体各部位标高控制（图 8-8）

在墙体施工中，墙身各部位标高通常也是用皮数杆控制。

1）在墙身皮数杆上，根据设计尺寸，按砖、灰缝的厚度画出线条，并标明 ±0.000、门、窗、楼板等的标高位置。

2）墙身皮数杆的设立与基础皮数杆相同，使皮数杆上的 ±0.000 标高与房屋的室内地坪标高相吻合。一般每隔 10~15m 设置一根皮数杆。

3）在墙身砌起 1m 以后，就在室内墙身上定出 +0.500m 的标高线，作为该层地面施工和室内装修用。

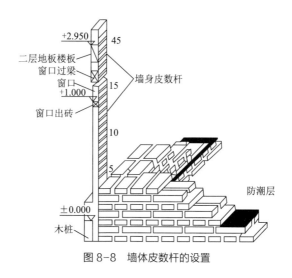

图 8-8　墙体皮数杆的设置

4）第二层以上墙体施工中，为了使皮数杆在同一水平面上，要用水准仪测出楼板四角的标高，取平均值作为地坪标高，并以此作为立皮数杆的标志。

5）框架结构房屋，墙体砌筑是在框架施工后进行的，故可在柱面上画线，代替皮数杆。

（3）建筑高程传递

在简单低层建筑施工中，要由下层向上层传递高程，以便楼板、门窗口等的标高符合设计要求。高程传递的方法有以下几种：

1）一般建筑物可用墙体皮数杆传递高程。一层楼房墙体砌完并建好后，把皮数杆移到二层继续使用。为了使皮数杆立在同一水平面上，用水准仪测定楼面四角的标高，取平均值作为二楼的地面标高，并在立杆处绘出标高线，立杆时将皮数杆的 ±0.000 线与该线对齐。然后以皮数杆为标高依据进行墙体砌筑。如此用同样方法逐层往上传递高程。

2）对于高程传递精度要求较高的建筑物，通常用钢尺直接丈量来传递高程。对于二层以上的各层，每砌高一层，就从楼梯间用钢尺从下层的"+0.500m"标高线，向上量出层高，测出上一层的

"+0.500m"标高线，这样用钢尺逐层向上引测。

3）吊钢尺法：在楼梯缝处用悬挂钢尺代替水准尺，用水准仪读数，从下向上传递高程。

8.2 土方施工

8.2.1 现场条件准备

（1）场地平整：将施工现场进行平整，可使定位放线更准确，并能保证施工安全。

（2）调查施工区域内障碍物（如树木、地下管道、电缆电线），制订方案，并征得主管部门意见和同意，进行障碍物清除和处理。

（3）在施工区域内，事先做好排水、防水措施。

（4）修好临时道路，接通水电，搭设临时用房屋。

8.2.2 基槽开挖

（1）基槽上口开挖宽度的计算

房屋定位后，应根据基础的宽度、土质情况、基础埋置深度及施工方法（放坡、支挡土板、工作面等），计算确定基槽（坑）上口开挖宽度。举例如下：

如图 8-9 所示，基础底宽为 a=800mm，挖土深度 h=2.0m，土质为黏性土，工作面 c=150mm，放坡 1：0.3，则基槽上口宽度为：

$800+2×150+2×0.3×2000$=2300mm。

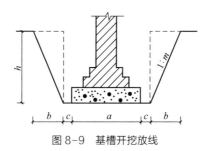

图 8-9 基槽开挖放线

（2）基槽放坡

基槽边坡的大小主要与土质、开挖深度、开挖方法、边坡留置时间的长短、边坡附近的各种荷载状况及排水情况有关。表8-1可供基槽放坡时参考。

开挖深度在 5m 内的基槽（坑）最陡坡度   表 8-1

土的类别	边坡坡度（高：宽 =1：m）		
	坡顶无荷载	坡顶有荷载	坡顶有动荷载
中密的砂土	1：1.00	1：1.25	1：1.50
中密的砂填碎石土	1：0.75	1：1.00	1：1.25
硬塑的粉土	1：0.67	1：0.75	1：1.00
中密的粘填碎石类土	1：0.50	1：0.67	1：0.75
硬塑的粉质黏土、黏土	1：0.33	1：0.50	1：0.67
老黄土	1：0.10	1：0.25	1：0.33
软土	1：1.00	—	—

8.2.3　基槽开挖安全保证措施

（1）防止土壁塌方

1）严格按要求放足边坡，并随时观察土壁变化情况。

2）做好排水工作，特别是雨期施工，更应注重检查边坡的稳定性。

3）坑槽边缘尽量避免堆置大量土方、材料和机械设备，堆放土方、材料、机具，应与边坡保持一定距离。当土质良好时，堆放土方及料具宜离开坑槽边 1.0m 以外，堆高不得超过 1.5m。软土地区基槽开挖，土方应随挖随运。

（2）发生流砂现象的处理

土方开挖过程中，可能会遇到"流砂"现象发生。当基槽挖土至地下水位以下时，有时土会形成流动状态，随地下水一起流动涌入基坑，这种现象称为"流砂"。现场发生流砂，轻微时可采用抢挖的方法继续施工；较为严重时，可能会造成边坡塌方及附近建筑物下降、倾斜、甚至倒塌，所以应立即停止施工，找相关技术人员咨询，在险情处理后才可继续施工。

（3）其他注意事项

1）土方开挖必须遵循"开槽支撑，先撑后挖，分层开挖，严禁超挖"的原则，每层 600mm 左右。挖土应从上而下，逐层进行。

2）人工开挖，两个人之间的操作间距要大于 3m。

3）夜间施工时，施工现场应有足够照明设施，在危险地段要设置防护栏杆。

4）开挖深度超过 2m 时，须在槽坑周边设置护身栏杆，支设人员上下坡道。

5）应经常查看基槽设置的支撑有无松动、变形等不安全迹象，查看边坡稳定状况，雨雪后更要加强巡视检查。

6）如遇开挖基槽距离原有建筑太近，必须采取挡土措施，确保原有建筑的安全。

8.2.4 基槽开挖质量保证措施

（1）建筑物定位控制线（桩），标准水平桩及基槽的灰线尺寸，必须经过检验合格，才能开始挖土施工。对定位桩、水准点等应注意保护好，挖运土时不得碰撞，并应定期复测，检查其可靠性。

（2）为防止基底的土受到浸水或其他原因的扰动，基槽（坑）挖好后要及时验收，验收完成后，及时做好垫层或基础，尽量减少基底土暴露的时间，防止暴晒和雨水侵蚀，破坏基坑的原状结构。如不能立即进行下一道工序，人工开挖要在基底标高以上保留 150~300mm 厚覆盖土层，待基础施工时再挖去。

（3）基槽的位置及外形尺寸要符合要求，应边挖土边测量，并用线坠吊中，将轴线引至基槽底；土方开挖面距基底 500mm 以内时，应抄出 500mm 线，并作出标志，以防止超挖；严禁扰动基底土，受雨水浸泡或受到扰动的基底土必须清除。

（4）同一房屋的基础不应设在土质明显不同的地基上。

（5）必须将基础放置在老土层上。土质不复杂时，可请长期从事农房修建的老工匠进行现场鉴别，否则应请相关专家协助鉴别。验槽的重点部位包括柱基、墙角、承重墙下及其他受力较大部位。一般应观察土层分布及走向、颜色是否均匀一致、有无异常过干或过湿、是否软硬一致、是否有振颤现象、有无空穴声音等。

（6）确保基础埋置深度。基础埋置深度应满足构造基本要求，有勘察设计的工程应挖到设计所要求的土层和达到设计要求的基底标高位置。

8.2.5　填土与压实

为了保证填方工程的强度和稳定性要求，必须正确选择填土的种类和填筑的方法。

（1）填方的土料应符合设计要求。碎石类土、砂土和爆破石碴，可用作表层以下的填料，碎石类土或爆破石碴的最大粒径不得超过每层铺垫厚度的 2/3。含有大量有机物、含量大于 5% 的水溶性硫酸盐类土以及淤泥、冻土、膨胀土等，不应作为填方土料。

（2）填土应分层进行，尽量采用同类土填筑，不能将各种土混杂在一起使用。土料不宜过分干燥或潮湿。填土的压实遍数、铺土厚度等应根据土质和压实机械在施工现场的压实试验决定。如无试验依据，一般可参考表 8-2 确定。

填土施工时的分层厚度及压实遍数 表 8-2

压实机具	分层厚度（mm）	每层压实遍数
打夯机	200~250	3~4
人工打夯	<200	3~4

（3）打夯操作应一夯压半夯，避免漏夯。

（4）在基础两侧应同时均匀回填并将土夯实。如图 8-10 所示。

图 8-10　基础两侧应同时回填

8.3　基础施工

8.3.1　基础垫层

基础下一般均设置垫层，垫层能很好地与地基土层结合，起到均匀受力和良好传力的作用，还可以用来调整标高和找平。混凝土垫层厚度一般为 100mm，每边比基础边缘宽出 100mm。普通农房采用 C10 混凝土垫层即可。

混凝土垫层施工前应将基槽清理干净，不得在其内留有浮土、淤泥、杂物。垫层标高及平整度要严格控制。已浇筑的垫层混凝土在常温下养护约 24h 后，才可允许人员在其上走动和进行其他工序。

8.3.2　砖放脚基础施工

（1）砖基础应该采用烧结实心砖砌筑，不应采用空心砖或多孔砖砌筑。

（2）砖基础砌筑在垫层之上，砖基础的下部称为"大放脚"、上部为基础墙，大放脚的宽度为半砖长的整数倍。

（3）大放脚有等高式和间隔式两种。等高式大放脚是每砌两皮砖，两边各收进 1/4 砖长（60mm）；间隔式大放脚是每砌两皮砖及一皮砖，轮流两边各收进 1/4 砖长（60mm）。特别要注意，等高式和间隔式大放脚（不包括基础下面的混凝土垫层）的共同特点是最下层都应为两皮砖砌筑（图 8-11）。

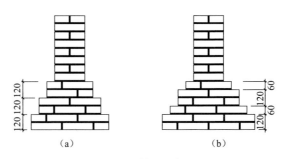

图 8-11 砖基础大放脚形式

（a）等高式；（b）间隔式

砖基础大放脚一般采用一顺一丁砌筑形式，即一皮顺砖与一皮丁砖相间，上下皮垂直灰缝相互错开 1/4 砖（即 60mm）。转角处、交接处，为错缝需要应加砌配砖（3/4 砖、半砖或 1/4 砖）。图 8-12 所示为底宽为 2 砖半等高式砖基础大放脚转角处分皮砌法。

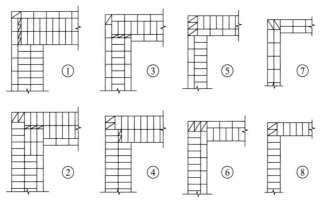

图 8-12 大放脚转角处分皮砌法

（4）砖基础的水平灰缝厚度和垂直灰缝宽度宜为 10mm。水平灰缝的砂浆饱满度不得小于 80%。

（5）砖基础的底标高不相同时，应从低处开始砌筑，并应由低处向高处搭砌。当设计无要求时，搭砌长度不应小于砖基础大放脚的高度（图 8-13）。

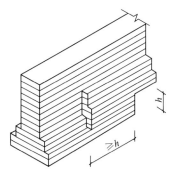

图 8-13　基底标高不同时，砖基础的搭砌

（6）砖基础的转角处和交接处应同时砌筑，当不能同时砌筑时，应留置斜槎（踏步槎）。

（7）基础墙的防潮层，当无设计要求时，宜用 1∶2 水泥砂浆加适量防水剂铺设，厚度取 20mm。防潮层位置宜在室内地面标高以下一皮砖（-0.06m）处。

（8）砖基础砌筑完成后应该有一定的养护时间，再进行回填土方。

8.3.3　石基础施工

（1）石基础可用毛石或条石，用铺浆法砌筑，灰缝厚度为 20~30mm，砂浆应饱满。石基础宜分皮卧砌，并应上下错缝，内外搭接，按规定设置拉接石（见第 7 章 7.5 节内容），不得采用外面侧立石块、中间填心的砌筑方法。

（2）砌筑毛石基础的第一层石块时，宜选用尺寸较大的毛石砌筑，石块大面向下。基础转角处、纵横墙交接处，应选用较大平毛石砌筑，且转角处、交接处应同时砌筑，不能同时砌筑时，应留踏步槎。

（3）石基础有阶梯形和梯形两种形式，其顶面宽度应比墙厚每边宽 100mm。每阶高度一般为 300~400mm，并至少砌二皮毛石。阶梯处，上阶的石块应至少压住下阶石块的 1/2。石块间较大的空隙应填塞砂浆后用碎石嵌实，不得采用先放碎石后灌浆或干填碎石的方法。为保证施工质量，毛石基础每天砌筑高度不应超过 1.0m。

8.3.4　混凝土基础施工

（1）在浇筑混凝土基础时，应分层进行，并使用插入式振动器捣实。对阶梯形基础，每一阶高度内宜整体一次浇筑。对锥形基础，要注意边角处混凝土是否振捣密实。独立基础应连续浇筑完毕。

（2）为了节约水泥，在浇筑混凝土时，可投入 25% 左右的毛石，这种基础称为"毛石混凝土"基础。毛石的最大粒径不超过 150mm，也不应超过基础宽度的 1/4。毛石投放前应用水冲洗干净并晾干。投放时，应分层、均匀投放，保证毛石边缘包裹有足够的水泥浆体，并振捣密实。

（3）当基槽深度超过 2m 时，不能直接倾落混凝土，应采用溜槽将混凝土送入基坑，以避免造成混凝土分层离析。混凝土浇筑完毕，终凝后要加以覆盖和浇水养护。

8.3.5　基础回填

（1）基础砌筑或浇筑完成后，应及时回填。回填土要在基础对应的两侧同时进行，避免基础移位或倾覆，并分层夯实。

（2）一般土质的回填，每填入 300mm 厚，要夯实一次。回填土中树根、树枝、塑料袋等有机杂质必须清除。

（3）冻土基坑回填时，应清除坑内冰雪，回填土不允许夹杂冰雪块或冻土块。

（4）对不易夯实的饱和黏土、淤泥流砂等基坑土，应待基坑晾干后进行回填。

8.4　墙体砌筑施工

墙体砌筑是农房建造的重要工作内容，由于以手工操作为主，工匠的砌筑技术水平、工作态度直接影响到房屋的质量安全。

8.4.1　施工前的准备工作

（1）砌筑砂浆准备：根据配合比，拌制好砌筑砂浆，有条件时应采用砂浆搅拌机拌制。

（2）淋湿砌块：砖或小型砌块，均应提前在地面上用水淋（或浸水）至湿润，不应在砌块运到操作地点时才进行，以免造成场地湿滑。

（3）材料堆放：在操作地点临时堆放材料时，要放在平整坚实的地面上，不得放在湿润积水或泥土松软崩裂的地方。当放在楼面板或通道上时，不得超出其设计承载能力，并应分散堆置，不能过分集中。基坑 0.8~1.0m 范围以内不准堆料。

（4）安设活动脚手架：脚手架安装在地面时，地面必须平整坚实，否则要夯实至平整不下沉为止，或在架脚铺垫枋板，扩大支承面。当安设在楼板上时，如高低不平则应用木板楔稳，如用红砖作垫则不应超过两皮高度。脚手架的高度（站脚处）应低于砌砖高度，当砌筑高度达到 1.2~1.4m（一个步架高度）时应该搭设砌筑脚手架。

8.4.2　砖墙砌筑工艺流程

砖墙砌筑工艺流程包括：抄平、放线、摆砖样、立皮数杆、盘角、挂线与砌筑等。

（1）抄平：在基础顶面或楼面上定出各层标高，用水泥砂浆或细石混凝土找平。

（2）放线：根据龙门板上标志，弹出墙身轴线、边线，划出门窗位置。

（3）摆砖样：在放好线的基面上按选定的组砌方式试摆砖样，不铺灰，其目的是核对门窗洞口、墙垛等处是否符合砖的模数，以减少砍砖数量，并保证砖及砖缝排列整齐、均匀，以提高砌砖效率。

（4）立皮数杆：每皮砖和灰缝的厚度，以及门窗洞、过梁、楼板底面等标高由皮数杆控制。皮数杆一般立在房屋的四大角、内外墙交接处、楼梯间以及洞口多的地方（图 8-14）。立皮数杆时要用水准仪抄平，使皮数杆上的楼地面标高线位于设计标高处。如墙的长度很大，可每隔 10m 左右再立一根。

（5）盘角：盘角就是根据皮数杆先在四大角和交接处砌几皮砖，并保证其垂直平整。

（6）挂线：为保证墙体垂直平整，砌筑时必须挂线。墙厚超过 370mm 时，必须双面挂线。

（7）砌筑：基本原则是上下错缝、内外塔砌。常用砌筑方法是"三一"砌筑法，即一铲灰、一块砖、一挤揉。一般转角和交接处必须同时砌起，如不能同时砌起而必须留槎时，应留斜槎。

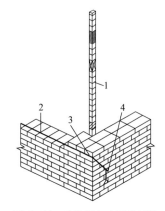

图 8-14　皮数杆与水平控制线
1- 皮数杆；2- 水平控制线；
3- 转角处水平控制线固定铁钉；
4- 末端水平控制线固定铁钉

（8）楼层轴线的引测：为了保证各层墙身轴线的重合，应根据龙门板上的标志将轴线引测到房屋的底层外墙上，再用经纬仪垂球，将轴线引测到楼层上，并根据施工图用钢尺进行校核。

8.4.3　实心砖墙砌筑

砖墙根据其厚度不同，可采用全顺（120mm）、两平一侧（180mm或 300mm）、全丁、一顺一丁、梅花丁或三顺一丁的砌筑形式（图8-15）。

（1）组砌方式

1）全顺：各皮砖均顺砌，上下皮垂直灰缝相互错开半砖长（120mm），适合砌半砖厚（115mm）墙。

2）两平一侧：两皮顺（或丁）砖与一皮侧砖相间，上下皮垂直灰缝相互错开 1/4 砖长（60mm）以上，适合砌 3/4 砖厚（180mm 或 300mm）墙。

3）全丁：各皮砖均采用丁砌，上下皮垂直灰缝相互错开 1/4 砖

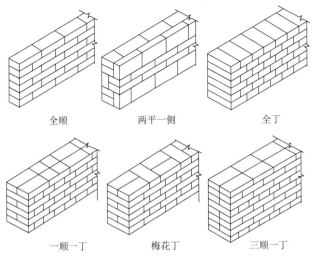

图 8-15 实心砖墙组砌方式

长，适合砌一砖厚（240mm）墙。

4）一顺一丁：一皮顺砖与一皮丁砖相间，上下皮垂直灰缝相互错开 1/4 砖长，适合砌一砖及一砖以上厚墙。

5）梅花丁：同皮中顺砖与丁砖相间，丁砖的上下均为顺砖，并位于顺砖中间，上下皮垂直灰缝相互错开 1/4 砖长，适合砌一砖厚墙。

6）三顺一丁：三皮顺砖与一皮丁砖相间，顺砖与顺砖上下皮垂直灰缝相互错开 1/2 砖长；顺砖与丁砖上下皮垂直灰缝相互错开 1/4 砖长。适合砌一砖及一砖以上厚墙。

图 8-16 所示为一砖厚墙"一顺一丁"转角处分皮砌法，配砖为 3/4 砖（俗称七分头砖），位于墙外角。

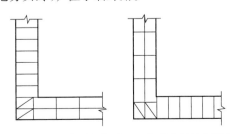

图 8-16 一砖厚墙"一顺一丁"转角处分皮砌法

图 8-17 所示为一砖厚墙"一顺一丁"交接处分皮砌法，配砖为 3/4 砖，位于墙交接处外面，仅在丁砌层设置。

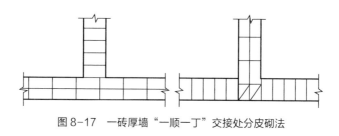

图 8-17　一砖厚墙"一顺一丁"交接处分皮砌法

（2）注意事项

1）一砖厚承重墙的最上一皮砖、砖墙台阶水平面上最上一皮砖，应采用整砖丁砌。

2）砖墙的水平灰缝厚度和垂直灰缝宽度宜为 10mm，但不应小于 8mm，也不应大于 12mm。

3）砖墙的水平灰缝砂浆饱满度不得小于 80%；垂直灰缝宜采用挤浆或加浆方法，不得出现透明缝、瞎缝和假缝。

4）在墙上留置临时施工洞口，其侧边离交接处墙面不应小于 500mm，洞口净宽度不应超过 1m。临时施工洞口应做好补砌。

5）不得在下列墙体或部位设置脚手眼：半砖厚墙；过梁上与过梁成 60° 角的三角形范围及过梁净跨度 1/2 的高度范围内；宽度小于 1m 的窗间墙；墙体门窗洞口两侧 200mm 和转角处 450mm 范围内；梁或梁垫下及其左右 500mm 范围内。施工脚手眼补砌时，灰缝应填满砂浆，不得用干砖填塞。

6）需要穿墙的洞口、管道、沟槽应于砌筑时正确留出或预埋，不应过后打凿墙体和在墙体上开凿水平沟槽。宽度超过 300mm 的洞口上部，宜设置钢筋混凝土过梁。

7）砖墙每日砌筑高度不得超过 1.8m，雨天不得超过 1.2m。

8）砖墙工作段的分段位置，宜设在变形缝、构造柱或门窗洞口处；相邻工作段的砌筑高差不应超过 2m。

9）砖砌体的转角处和交接处应同时砌筑，内外墙不应分开砌筑施工。对不能同时砌筑而又必须留置的砌筑临时间断处应砌成斜槎（俗称"踏步槎"），斜槎水平投影长度按规定不应小于高度的 2/3（图 8-18）。

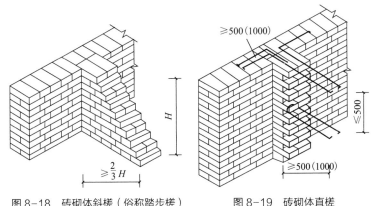

图 8-18　砖砌体斜槎（俗称踏步槎）　　　　图 8-19　砖砌体直槎

10）对于非抗震设防及 6 度、7 度设防地区的砌筑临时间断处，当不能留斜槎时，除转角处外，可留成直槎，但直槎的形状必须做成阳槎。并在留直槎处加设拉接钢筋，数量不少于 2φ6，间距沿墙高不应超过 500mm；埋入长度从留槎处算起每边均不应小于500mm，6 度、7 度设防地区不应小于 1000mm；末端应弯直钩，长度取 60mm（图 8-19）。

8.4.4　多孔砖墙砌筑

（1）砌筑清水墙的多孔砖，应边角整齐、色泽均匀。

（2）在常温状态下，多孔砖应提前 1~2 天浇水湿润。砌筑时砖的含水率宜控制在 10%~15%。

（3）组砌方式

1）抗震设防地区的多孔砖墙，应采用"三·一"砌砖法（一铲灰、一块砖、一挤揉）砌筑；非抗震设防地区的多孔砖墙可采用铺浆法砌筑，铺浆长度不得超过 750mm；当施工期间最高气温高于 30℃

时，铺浆长度不得超过 500mm。

2）方形多孔砖一般采用全顺砌法，多孔砖中手抓孔应平行于墙面，上下皮垂直灰缝相互错开半砖长；矩形多孔砖宜采用一顺一丁或梅花丁的砌筑形式，上下皮垂直灰缝相互错开 1/4 砖长（图 8-20）。

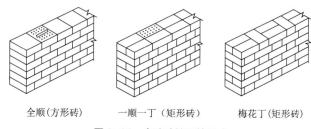

全顺(方形砖)　　一顺一丁（矩形砖）　　梅花丁(矩形砖)

图 8-20　多孔砖墙砌筑形式

3）方形多孔砖墙的转角处，应加砌配砖（半砖），配砖位于砖墙外角（图 8-21）。

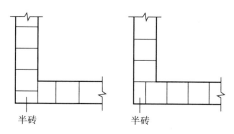

半砖　　　　　　半砖

图 8-21　方形多孔砖墙转角砌法

4）方形多孔砖的交接处，应隔皮加砌配砖（半砖），配砖位于砖墙交接处外侧（图 8-22）。

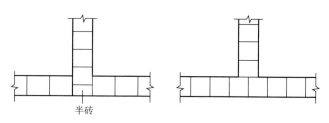

半砖

图 8-22　方形多孔砖墙交接处砌法

　5）矩形多孔砖墙的转角处和交接处砌法同烧结普通砖墙转角处和交接处相应砌法。

（4）多孔砖墙的灰缝应横平竖直。水平灰缝厚度和垂直灰缝宽度宜为 10mm，但不应小于 8mm，也不应大于 12mm。

（5）多孔砖墙灰缝砂浆应饱满。水平灰缝的砂浆饱满度不得低于 80%，垂直灰缝宜采用加浆填灌方法，使其砂浆饱满。

（6）除设置构造柱的部位外，多孔砖墙的转角处和交接处应同时砌筑，对不能同时砌筑又必须留置的临时间断处，应砌成斜槎（图 8-23）。

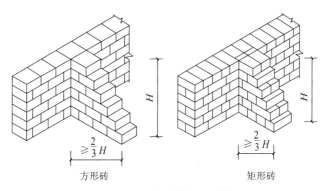

图 8-23　多孔砖墙留置斜槎

（7）施工中需在多孔砖墙中留设临时洞口时，其侧边距交接处的墙面不应小于 0.5m；洞口顶部宜设置钢筋砖过梁或钢筋混凝土过梁。

（8）多孔砖墙中留设脚手眼的规定同烧结普通砖墙中留设脚手眼的规定。

（9）多孔砖墙每日砌筑高度不得超过 1.8m，雨天施工时，不宜超过 1.2m。

8.4.5　烧结空心砖墙砌筑

（1）砌筑空心砖墙时，砖应提前 1~2 天浇水湿润，砌筑时砖的含水率宜为 10%~15%。

（2）空心砖墙应侧砌，其孔洞呈水平方向，上下皮垂直灰缝相互错开 1/2 砖长。空心砖墙底部宜砌 3 皮烧结普通砖，以提高防水防潮性能（图 8-24）。

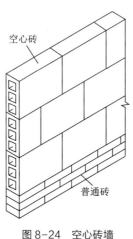

图 8-24　空心砖墙

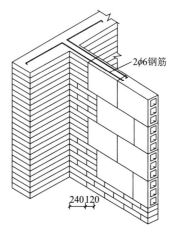

图 8-25　空心砖墙与普通砖墙交接

（3）空心砖墙与烧结普通砖交接处，应以普通砖墙引出不小于 240mm 长与空心砖墙相接，并应隔 2 皮空心砖高在交接处的水平灰缝中设置 2φ6 作为拉接钢筋，拉接钢筋在空心砖墙中的长度不小于空心砖长加 240mm（图 8-25）。

（4）空心砖墙的转角处，应用烧结普通砖砌筑，砌筑长度不小于 240mm。

（5）空心砖墙砌筑不得留置直槎，中途停歇时，应将墙顶砌平。在转角处、交接处，空心砖与普通砖应同时砌起。

（6）空心砖墙中不宜留置脚手眼；不得对空心砖进行砍凿。

8.4.6　混凝土小型空心砌块砌筑

（1）砌块类型

普通混凝土小型空心砌块：以水泥、砂、碎石或卵石、水等预制成的。主规格尺寸为 390mm×190mm×190mm，一般有两个方形孔，最小外壁厚应不小于 30mm，最小肋厚应不小于 25mm，空心率应不小于 25%（图 8-26）。按照国家标准，普通混凝土小型空心砌块按其强度分为 MU5、MU7.5、MU10、MU15、MU20、MU25、MU30、MU35、MU40 九个等级。

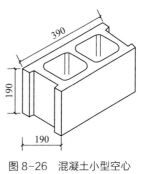

图 8-26　混凝土小型空心砌块

近年来，很多地方农户为了节省建房费用，在农闲时间自己动手制作混凝土空心砌块，质量参差不齐，主要问题有：水泥用量偏低，混凝土级配不好，砂石含泥量偏高，没有小型振动设备，砌块振捣不密实，形状尺寸不规整，肋厚偏薄（有的不足 20mm），等等。致使手工生产的砌块强度及耐久性普遍偏低。考虑到普通农房建造的特点与实际情况，建议农户自制砌块时，混凝土拌制时按 C15~C20 强度等级取用，加工好的砌块强度不应小于 MU7.5。

（2）一般要求

1）对室内地面以下的空心砌块砌体，应采用不低于 M5 的水泥砂浆砌筑。

2）在墙体的下列部位，应用 C20 混凝土灌实砌块的孔洞：底层室内地面以下或防潮层以下的砌体；无圈梁的楼板支承面下的一皮砌块；没有设置混凝土垫块的屋架、梁等构件支承面下，高度不应小于 600mm，长度不应小于 600mm 的砌体；挑梁支承面下，距墙中心线每边不应小于 300mm，高度不应小于 600mm 的砌体。

3）砌块墙与后砌隔墙交接处，应沿墙高每隔 400mm 在水平灰缝内设置不少于 2φ4、横筋间距不大于 200mm 的焊接钢筋网片，钢筋网片伸入后砌隔墙内不应小于 600mm（图 8-27）。

（3）芯柱构造与做法

1）在外墙转角、楼梯间四角的纵横墙交接处的三个孔洞，宜设置钢筋混凝土芯柱。

2）芯柱截面不宜小于 120mm × 120mm，宜用不低于 C20 的细石混凝土浇筑。

3）钢筋混凝土芯柱每孔内插竖筋不应小于 $1\phi10$，底部应伸入室内地面下 500mm 或与基础圈梁锚固，顶部与屋盖圈梁锚固。

4）在钢筋混凝土芯柱处，沿墙高每隔 600mm 应设 $\phi4$ 钢筋网片拉接，每边伸入墙体不小于 600mm（图 8-28）。

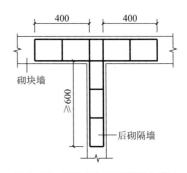

图 8-27　砌块墙与后砌隔墙交接处钢筋网片

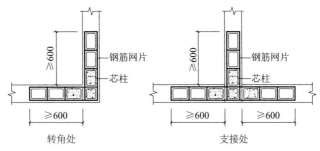

转角处　　　　　　支接处

图 8-28　钢筋混凝土芯柱处拉筋

5）芯柱应沿房屋的全高贯通，并与各层圈梁整体现浇，可采用图 8-29 所示的做法。

（4）砌块砌筑工艺

1）普通混凝土小砌块不宜浇水；当天气干燥炎热时，可在砌块上稍加喷水润湿；轻集料混凝土小砌块施工前可洒水，但不宜过多。

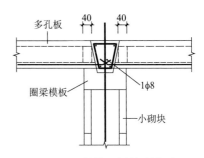

图 8-29　芯柱贯穿楼板的构造

2）应尽量采用主规格小砌块，小砌块的强度等级应符合设计要求，并应清除小砌块表面污物和芯柱用小砌块孔洞底部的毛边。

3）在房屋四角或楼梯间转角处设立皮数杆，皮数杆间距不得超过 15m。皮数杆上应画出各皮小型砌块的高度及灰缝厚度。根据皮数杆在砌块上边线之间拉水平准线，依水平准线砌筑。

4）小型砌块砌筑应从转角或定位处开始，内外墙同时砌筑，纵横墙交错搭接。外墙转角处应使小型砌块隔皮露出端面；T 形交接处应使横墙小砌块隔皮露出端面，纵墙在交接处改砌两块辅助规格小型砌块（尺寸为 290mm×190mm×190mm，一头开口），所有露出端面用水泥砂浆抹平（图 8-30）。

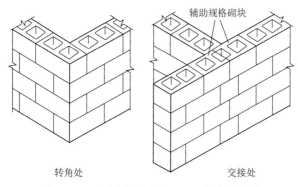

图 8-30　小型砌块墙转角处及 T 形交接处砌法

5）小型砌块应对孔错缝搭砌。上下皮小型砌块竖向灰缝相互错开 190mm。个别情况，当无法对孔砌筑时，普通混凝土小型砌块错缝长度不应小于 90mm，轻骨料混凝土小型砌块错缝长度不应小于 120mm；当不能保证此规定时，应在水平灰缝中设置 2φ4 钢筋网片，钢筋网片每端均应超过该垂直灰缝，其长度不得小于 300mm（图 8-31）。

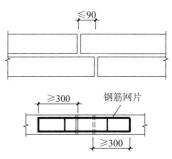

图 8-31　水平灰缝中拉接筋

6）小型砌块砌体的灰缝应横平竖直，全部灰缝均应铺填砂浆；水平灰缝的砂浆饱满度不得低于 90%；竖向灰缝的砂浆饱满度不得低于 80%；砌筑中不得出现瞎缝、透明缝。水平灰缝厚度和竖向灰缝宽度应控制在 8~12mm。当缺少辅助规格小砌块时，砌体通缝不应超过两皮砌块。

7）小型砌块砌体临时间断处应砌成斜槎，斜槎长度不应小于斜槎高度的 2/3（一般按一步脚手架高度控制）；如留斜槎有困难，除外墙转角处及抗震设防地区，砌体临时间断处不应留直槎外，可从砌体面伸出 200mm 砌成阴阳槎，并沿砌体高每三皮小型砌块（600mm），设拉接筋或钢筋网片，接槎部位宜延至门窗洞口（图 8-32）。

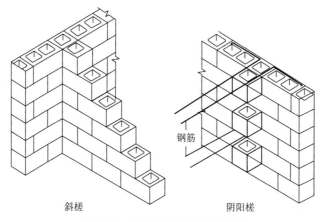

斜槎   阴阳槎

图 8-32 小型砌块砌体斜槎和直接

8）承重砌体严禁使用断裂小砌块或壁肋中有竖向凹形裂缝的小型砌块砌筑；也不得采用小型砌块与烧结普通砖等其他块体材料混合砌筑。

9）小型砌块砌体内不宜设脚手眼，如必须设置时，可用辅助规格 190mm×190mm×190mm 小砌块侧砌，利用其孔洞作脚手眼，砌体完工后用 C15 混凝土填实。

10）小型砌块砌体相邻工作段的高度差不得超过 2m；常温条件下，普通混凝土小型砌块的日砌筑高度应控制在 1.8m 以内；轻骨料混凝土小型砌块的日砌筑高度应控制在 2.4m 以内。

11）对砌体表面的平整度和垂直度，灰缝厚度和砂浆饱满度应随时检查，校正偏差。砌完每一楼层后，应校核墙体的轴线尺寸和标高。

8.5 石砌体施工

8.5.1 一般要求

（1）石砌体砌筑前应清除石材表面的泥垢、水锈等杂质。

（2）石砌体的灰缝厚度：细料石、半细料石砌体不宜大于 10mm；粗料石、毛料石、平毛石砌体不宜大于 20mm。

（3）石砌体每日砌筑高度不宜超过 1.2m。

（4）已砌好的石块不应移位、顶高；当必须移动时，应将石块移开，将已铺砂浆清理干净，重新铺浆。

8.5.2 料石砌体施工

（1）料石砌筑时，应放置平稳，上下皮应错缝搭砌，错缝长度不宜小于料石长度的 1/3。

（2）料石砌体的竖缝应在料石铺设调平后，用同样强度等级的砂浆灌注密实，竖缝不得透空。

（3）石砌墙体在转角和内外墙交接处应同时砌筑。对不能同时砌筑而又必须留置的临时间断处，应砌成斜槎，斜槎的水平长度不应小于高度的 2/3。

8.5.3 平毛石砌体施工

（1）平毛石砌体宜分皮卧砌，各皮石块间应利用自然形状敲打修整，使之与先砌石块基本吻合、搭砌紧密；应上下错缝，内外搭砌，不得采用外面侧立石块、中间填心的砌筑方法；不得夹砌铲口石（尖角倾斜向外的石块）和斧刃石，墙内应填充密实，不得有空腔或孔洞（图 8-33d）。

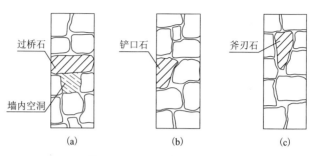

图 8-33　平毛石墙错误砌法

（2）平毛石砌体的灰缝厚度宜为 15~20mm，石块间不得直接接触；石块间空隙较大时应先填塞砂浆后用碎石块嵌实，不得采用先摆碎石后塞砂浆或干填碎石块的砌法。

（3）平毛石砌体的第一皮和最后一皮，墙体转角和洞口处，应采用较大的平毛石砌筑。

（4）平毛石砌体必须设置拉接石（图 8-34），拉接石应均匀分布，互相错开；拉接石宜每 0.7m² 墙面设置一块，且同皮内拉接石的中距不应大于 2m。

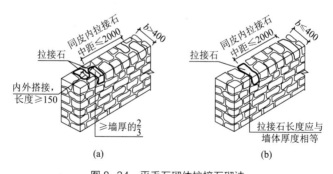

图 8-34　平毛石砌体拉接石砌法

8.6　木结构施工

8.6.1　木工常用工具及其使用

木工常用工具一般都有较锋利的刃口，使用时一定要注意安全。

最主要的是要掌握好各种工具的正确使用姿势和方法，例如锯割、刨削、斧劈时，都要注意身体的位置和手、脚的姿势正确。在操作木工机械时，尤其要严格遵守安全操作规程。

（1）量具及其使用（图 8-35）

钢卷尺　　　　钢直尺　　　　角尺　　　　三角尺

图 8-35　木工量具

1）钢卷尺：用于下料和度量部件，携带方便，使用灵活。常选用 2m 或 3m 的规格。

2）钢直尺：一般用不锈钢制作，精度高而且耐磨损。用于榫线、起线、槽线等方面的画线，常选用 150~500mm 规格。

3）角尺：木工用的角尺为 90° 直角，古时人们把角尺（或叫方尺）和圆规称作"规矩"，俗语有："没有规矩，不成方圆"。角尺可用于下料画线时的垂直划线，用于结构榫眼、榫肩的平行画线，可用于衡量制作产品的角度是否垂直，还可用于检查加工面板是否平整等等。

角尺的直角精度一定要保护好，不得乱扔或丢放，更不能随意拿角尺敲打物件，造成尺柄和尺翼结合处松动，使角尺的垂直度发生变化不能使用。

4）三角尺：用于画 45° 角。

5）墨斗：墨斗的原理是由墨线绕在活动的轮子上，墨线经过墨斗轮子缠绕后，端头的线拴在一个定针上。使用时，拉住定针，在活动轮的转动下，抽出的墨线经过墨斗沾墨，拉直墨线在木材上弹出需要加工的线。如图 8-36 所示。

墨斗弹线的方法：左手拿墨斗，用墨汁把墨盒内的棉花染黑；右手把墨斗的定针固定在木料的一端点；左手放松轮子拉出沾墨的细线，拉紧靠在木料的面上，右手在中间捏墨线向上垂直于木面提起，

图 8-36 墨斗

即时一丢，便可弹出明显而笔直的墨线。弹线一定要保证垂直，不能忽左忽右，避免弹出的墨线不直。

（2）手工锯

手工锯的锯割工艺，是传统家具与木构件制作加工的重要组成部分。手工锯包括框锯、刀锯、槽锯、板锯、钢丝锯等，其中框锯最为常用。

1）锯齿与锯路：

锯割的目的就是使用锯子把木材纵向锯开或者横向截断。锯割过程中，木材对锯齿产生较大的摩擦或挤压力，由此，锯条必须具备良好的强度、韧性和耐热性，使锯条在工作中不易折断，齿刃不会变钝。

木工用锯的核心是锯齿，不同锯割目的的锯子，其齿形和锯路的设计也各不相同。齿刃形状与锯齿的角度有关，锯齿角度越大，锯割力越弱，锯末易排出，角度越小，锯割力越强，锯末不易排出。硬质或干燥的木料在锯割时，锯齿的角度要小一些，而软质或潮湿的木料锯割时，锯齿角度尽量大一些。

锯条在制造时，将全部锯齿按一定规律左右错开，并排成一定的形状，称为"锯路"，锯路有波浪形和交叉形等。锯条有了锯路以后，使工件上的锯缝宽度大于锯条背部的厚度，从而防止了"夹锯"和锯条过热，并减少锯条磨损。锯割软质或潮湿木材时，锯路要大一些，锯割硬质或干燥木材时，锯路要小一些。

2）框锯及其使用：

框锯又名"架锯"，是由工字形木框架、绞绳与绞片、锯条等组成。锯条两端用旋钮固定在框架上，并可用它调整锯条的角度。绞绳绞紧后，锯条被绷紧，即可使用。框锯按锯条长度及齿距不同可分为粗、中、细三种。粗锯锯条长 650~750mm，齿距 4~5mm，粗锯主要用于锯割较厚的木料；中锯锯条长 550~650mm，齿距 3~4mm，中锯主要用于锯割薄木料或开榫头；细锯锯条长 450~500mm，齿距 2~3mm，细锯主要用于锯割较细的木材和开榫拉肩。如图 8-37 所示。

图 8-37　框锯及其使用

在使用框锯前，先用旋钮将锯条角度调整好，并用绞片将绞绳绞紧使锯条平直。框锯的使用方法有纵割和横割两种。

①纵割法：锯割时，将木料放在板凳上，右脚踏住木料，并与锯割线成直角，左脚站直，与锯割线成 60° 角，右手与右膝盖成垂直，人身与锯割线约成 45° 角为适宜，上身微俯略为活动，但不要左仰右扑。锯割时，右手持锯，左手大拇指靠着锯片以定位，右手持锯轻轻拉推几下（先拉后推），开出锯路，左手即离开锯边，当锯齿切入木料 5mm 左右时，左手帮助右手提送框锯。提锯时要轻，并可稍微抬高锯手，送锯时要重，手腕、肘肩与身腰同时用力，有节奏地进行。这样才能使锯条沿着锯割线前进。否则，纵割后的木材边缘会弯曲不直，或者锯口断面上下不一。

②横割法：锯割时，将木料放在板凳上，人站在木料的左后方，左手按住木料，右手持锯，左脚踏住木料，拉锯方法与纵割法相同。

（3）木工刨

手工刨由刨刃和刨床两部分构成，刨刃由金属锻制而成，刨床为木制。手工刨主要用于木料的粗刨、细刨、净料、净光、起线、刨槽、刨圆等方面的制作工艺。

1）刨刃的安装与调整：

安装刨刃时，先将刨刃与盖铁配合好，控制好两者刃口间距离，然后将它插入刨身中。刃口接近刨底，加上楔木，稍往下压，左手捏在刨底的左侧棱角中，大拇指捏住楔木、盖铁和刨刃，用锤校正刃口，使刃口露出刨屑槽。刃口露出多少是与刨削量成正比的，粗刨多一些，细刨少一些。检查刨刃的露出量，可用左手拿起刨来，底面向上，用单眼向后看去，就可以察觉。如果露出部分不适当，可以轻敲刨刃上端。如果露出太多，需要回进一些，就轻敲刨身尾部。如果刃口一角突出，只需轻敲刨刃同角的上端侧面即可。如图8-38所示。

手工刨　　　　　刨床　　　　　刨刃

图8-38　手工刨

2）推刨要点：

推刨时，左右手的食指伸出向前压住刨身，拇指压住刨刃的后部，其余各指及手掌紧捏手柄。刨身要放平，两手用力均匀。向前推刨时，两手大拇指需加大力量，两个食指略加压力，推至前端时，压力逐渐减小，至不用压力为止。退回时用手将刨身后部略微提起，以免刃口在木料面上拖磨，容易迟钝。刨长料时，应该是左脚在前，然后右脚跟上。如图8-39所示。

在刨长料前，要先看一下所刨的面是里材还是外材，一般情况

图 8-39　正确推刨动作

里材较外材洁净，纹理清楚。如果是里材，应顺着树根到树梢的方向刨削，外材则应顺着树梢到树根的方向刨削。这样顺着木材纹理的方向，刨削比较省力。否则，容易"呛槎"，既粗糙不平，又非常费力。

下刨时，刨底应该紧贴在木料表面上，开始不要把刨头翘起，刨到端头时，不要使刨头低下（俗称磕头）。否则，刨出来的木料表面，其中间部分就会凸出不平，这是初学者的通病，必须注意纠正。

（4）手工凿

手工凿是传统木工工艺中木结构结合的主要工具，用于凿眼、挖空、剔槽、铲削的制作。按用途分为平凿（又称板凿）、圆凿、斜刃凿等。如图 8-40 所示。

图 8-40　手工凿及其使用

手工凿使用前，首先要在木料上打眼（又称凿孔、凿眼）。打眼时，将木料放在垫木或工作凳上，打眼的面向上，人可坐在木料上面，如果木料短小，可以用脚踏牢。打眼时，左手紧握凿柄，将凿刃放在靠近身边的横线附近（约离横线 3~5mm），凿刃斜面向外。

凿要拿垂直，用斧或锤着力地敲击凿顶，使凿刃垂直进入木料内，这时木料纤维被切断，再拔出凿子，把凿子移前一些斜向打一下，将木屑从孔中剔出。以后就如此反复打凿及剔出木屑，当凿到另一条线附近时，要把凿子反转过来，凿子垂直打下，剔出木屑。当孔深凿到木料厚度一半时，再修凿前后壁，但两根横线应留在木料上不要凿去。打全眼时（凿透孔），应先凿背面，到一半深，将木料翻身，从正面打凿，这样眼的四周不会产生撕裂现象。

8.6.2　木结构施工工艺

木结构施工流程：材料准备→木构件加工制作→木构件组装→木构件涂饰。

（1）木料准备：木材品种、材质、规格、数量必须与设计要求一致；木板、方材不允许有腐朽、虫蛀现象，在连接的受剪面上不允许有裂纹，木节不宜过于集中，且不允许有活木节；原木或方木含水率不应大于20%。

（2）木构件加工制作：各种木构件按设计要求下料加工，且应根据不同加工精度留足加工余量；加工后的木构件及时核对规格及数量，作好标识，分类堆放整齐；对易变形的硬杂木，堆放时应防止变形；采用钢材连接件应作防锈处理。

木桁架、梁、柱制作的允许偏差见表8-3。

木桁架、梁、柱制做的允许偏差　　　　　表8-3

项　目		允许偏差（mm）	检验方法
构件截面尺寸	方木构件高度、宽度 板材厚度、宽度 原木构件梢径	−3 −2 −5	钢尺量
结构长度	长度不大于15m 长度大于15m	±10 ±15	钢尺量桁架支座节点中心，梁、柱全长（高）
桁架高度	长度不大于15m 长度大于15m	±10 ±15	钢尺量脊节点中心与下弦中心距离

续表

项　　目		允许偏差 （mm）	检验方法
受压或受弯构件纵向弯曲	方木结构 原木结构	$L/500$ $L/200$	拉线，钢尺量
弦杆节点间距		±5	钢尺量
齿连接刻槽深度		±2	
支座节点受剪面	长度	−10	钢尺量
	宽度　方木	−3	
	原木	−4	
螺栓中心间距	进孔处	±0.2d	
	出孔处　垂直木纹方向	±0.5d 且不大于 4B/100	
	顺木纹方向	±1d	
钉进孔处的中心间距		±1d	
桁架起拱		+20 −10	以两支座节点下弦中心线为准拉一水平线，用钢尺量跨中下弦中心线之间距离

注：d 为螺栓或钉的直径；L 为构件长度；B 为板束总厚度。

（3）木构件组装：木结构的支座、支撑、连接等构件必须牢固，无松动；屋架、梁、柱的支座部位应作防腐处理。木桁架和梁、柱安装的允许偏差和检验方法见表 8-4。

（4）木构件涂饰：首先清除木材面毛刺、污物，用砂布打磨光滑；打底层腻子，干后砂布打磨光滑；底漆、面漆逐层施工；严禁脱皮、漏刷、反锈、透底、流坠、皱皮，保证木构件表面光亮、光滑、线条平直。

木桁架和梁、柱安装的允许偏差和检验方法　　　表 8-4

序号	项　　目	允许偏差（mm）	检验方法
1	结构中心线距离	±20	钢尺量

续表

序号	项　目	允许偏差（mm）	检验方法
2	垂直度	$H/200$ 不大于 15（H 为构件高）	吊线、钢尺量
3	受压或压弯件纵向弯曲	$L/300$（L 为构件长）	拉线或吊线钢尺量
4	支座轴线对支撑面中心位移	10	钢尺量
5	支座标高	±5	水准测量

8.6.3　木屋架施工步骤

（1）当墙顶采用钢筋混凝土圈梁时，应在圈梁内预埋螺栓以便固定木屋架。如图 8-41 所示。

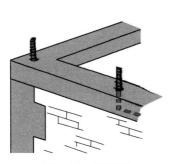

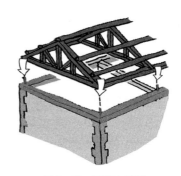

图 8-41　预埋螺栓　　　　　　图 8-42　安装木屋架

（2）安装木屋架，将圈梁内预埋螺栓与木屋架固定牢靠。如图 8-42、图 8-43 所示。

（3）将木檩条用扒钉、铁钉固定在木屋架上弦杆及爬山圈梁上。如图 8-44 所示。

（4）铺设坡屋面。当采用草泥座瓦屋面时，应在木檩条或木椽上铺设木望板或苇席，再在其上抹上草泥（草泥厚度一般40~80mm），然后座瓦。此种屋面做法其保温性能和抗震性能都比冷摊瓦屋面好（图 8-45）。

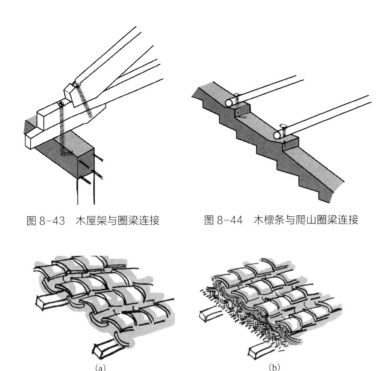

图 8-43　木屋架与圈梁连接　　　图 8-44　木檩条与爬山圈梁连接

(a)　　　　　　　　　　(b)

图 8-45　冷摊瓦屋面与草泥座瓦屋面

（a）冷摊瓦屋面；（b）草泥座瓦屋面

8.7　钢筋混凝土工程施工

钢筋混凝土工程由模板工程、钢筋工程和混凝土工程三部分组成。

8.7.1　模板工程

（1）模板安装应符合下列基本要求：

1）要保证构件各部位形状尺寸和相互位置的正确。

2）模板应具有足够的承载能力、刚度和稳定性，能可靠地承受新浇混凝土的自重、侧压力及施工荷载。

3）构造简单、装拆方便，便于钢筋的绑扎、安装和混凝土的浇筑、养护等工艺要求；模板的接缝严密，不得漏浆。

4）梁的跨度等于或大于4m，梁底模板中部应起拱，防止由于混凝土的重力使跨中下垂。如设计无规定时，起拱高度宜为梁净跨的1‰～3‰。

（2）模板拆除应符合下列基本要求：

1）侧模板拆除时，构件混凝土强度应能保证其表面及棱角不因拆除模板而受损坏，底模板及支架拆除时的混凝土强度应符合设计要求。当设计无具体要求时，混凝土强度应符合表8-5的规定，底模拆除时间应符合表8-6的规定。

底模拆除时的混凝土强度规定　　　　　表8-5

构件类型	构件跨度（m）	达到设计强度标准值的百分率（%）
板	≤2	≥50
	>2，≤8	≥75
	>8	≥100
梁、拱、壳	≤8	≥75
	>8	≥100
悬臂构件	—	≥100

底模拆除时间参考表（天）　　　　　表8-6

普通水泥	达到设计强度标准值的百分率（%）	硬化时昼夜平均气温（℃）					
		5	10	15	20	25	30
32.5级	50	12	8	6	4	3	2
	75	26	18	14	9	7	6
	100	55	45	35	28	21	18
42.5级	50	10	7	6	5	4	3
	75	20	14	11	8	7	6
	100	50	40	30	28	20	18

2）拆模尚应符合下述规定：先支的后拆，后支的先拆，先拆除侧模板，后拆除底模板；肋形楼板的拆模是先拆除柱模板→再拆除楼板底模板、梁侧模板→最后拆除梁底模板。多层楼板模板支架拆除时，上层楼板正在浇筑混凝土时，下一层楼板的模板支架不得拆除，再下层的楼板的模板和支柱应视荷载和本楼层混凝土的强度而定。在拆除模板过程中，如发现混凝土有影响结构安全等质量问题时，应暂停拆除，经处理后方可进行。

3）模板拆除应当注意，不应对楼层形成冲击荷载，拆除的模板和支架宜分散堆放并及时清运。已拆除模板及支架的结构，应在混凝土达到设计的混凝土强度标准后，才允许承受全部使用荷载。

8.7.2　钢筋工程

（1）钢筋制作

1）钢筋长度：结构施工图中所指钢筋长度是钢筋外缘之间的长度，即外包尺寸，这是施工中量度钢筋长度的基本依据。钢筋弯曲以后，存在一个量度差值，在计算下料长度时必须加以扣除。根据理论和实践经验，钢筋弯曲量度见表 8-7。

钢筋弯曲量度差值　　　　　　　　表 8-7

钢筋弯起角度	30°	45°	60°	90°	135°
钢筋弯曲调整值	0.35d	0.5d	0.85d	2.0d	2.5d

2）受力钢筋的弯钩和弯折应符合下列要求：HPB300 钢筋（圆钢）末端应作 180° 弯钩，其弯弧内直径不应小于钢筋直径的 2.5 倍，弯钩平直段不应小于钢筋直径的 3 倍，每一个 180° 弯钩的钢筋下料增加长为 6.25d；有抗震要求的箍筋弯钩的弯折角度应为 135°，弯后平直段不应小于箍筋直径的 10 倍，弯钩增加长度为 12d。

3）钢筋下料长度＝外包尺寸之和－弯折量度差值＋弯钩增加长度。

图 8-46 为一根支承在砖墙上的单跨梁配筋图，钢筋下料长度计算如下：

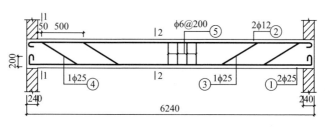

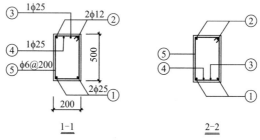

图 8-46　支承在砖墙上的梁配筋详图

①号钢筋：2φ25

下料长度计算：（6240+2×200-2×25）-2×2×25+2×6.25×25
=6802（mm）

或：（200+6190+200）-2×2×25+2×6.25×25=6802（mm）

②号钢筋：2φ12

6190

下料长度计算：6240-2×25+2×6.25×12=6340（mm）

或：6190+2×6.25×12=6340（mm）

③号弯起钢筋：1φ25

765　636　3760

下料长度计算：上直段钢筋长度　　240+50+500-25=765（mm）

斜段钢筋长度　　（500-2×25）×1.414

=636（mm）

中间直段长度　　　$6240-2 \times（240+50+500+450）$
　　　　　　　　　　$=3760（mm）$

下料长度：$（765+636）\times 2+3760-4 \times 0.5 \times 25+2 \times 6.25 \times 25=6824$（mm）

④号钢筋：1Φ25

下料长度计算同③筋，为 6824mm。

⑤号箍筋：φ6@200

下料长度计算：宽度　　$200-2 \times 25+2 \times 6=162（mm）$
　　　　　　　　高度　　$500-2 \times 25+2 \times 6=462（mm）$

下料长度：$（162+462）\times 2+2 \times 12 \times 6=1392（mm）$

（2）钢筋的连接

钢筋的连接方式分为绑扎搭接、焊接、机械连接等。由于钢筋通过连接接头传力的性能不如整根钢筋，因此设置钢筋连接接头宜在受力较小处，同一钢筋上宜少设接头，同一构件中的纵向受力钢筋接头宜相互错开。

1）钢筋的绑扎连接：钢筋绑扎接头宜设置在受力较小处，并且接头位置应在梁跨中三分之一以外；同一纵向受力钢筋不宜设置两个或两个以上接头；采用绑扎接头时，钢筋最小搭接长度为：光圆钢筋取 $40d$，螺纹钢筋取 $45d$。

2）钢筋绑扎搭接接头的连接区段长度为 1.3 倍搭接长度，凡搭接接头中点位于该连接区段内的搭接接头均属于同一连接区段。同一连接区段内，纵向受拉钢筋搭接接头面积百分率应符合设计要求，当设计无具体要求时，梁、板类及墙类构件，不宜大于 25%；柱类

构件，不宜大于 50%。如图 8-47 所示

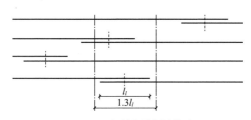

图 8-47　钢筋绑扎搭接接头

3）钢筋的焊接：钢筋焊接代替钢筋绑扎，可节约钢材，改善结构受力性能，提高工效，降低成本。具体分为搭接焊、帮条焊、坡口焊等工艺。由于钢筋焊接对操作要求较高，且农村建房对焊接部位也没有条件检查验收，因此农房建造不提倡采用焊接接头。

（3）钢筋切断工具

1）断线钳：断线钳（又叫剪线钳）是定型产品，按外形长度可分为 450mm、600mm、750mm、900mm、1050mm 五 种，如 图 8-48 所示。

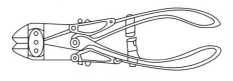

图 8-48　断线钳

2）手压式钢筋切断器：是目前建筑施工常用的一种手动式钢筋切断工具，由定刀片、动刀片、底座、手柄等组成。定刀片固定在底座上，动刀片通过传动轴及齿轮，形成杠杆加力机构，施加外力后切断钢筋。可以根据所切断钢筋直径来调整手柄长度，手压式钢筋切断器一般用于切断直径 Φ16mm 以下的 I 级钢筋。

（4）手工钢筋弯曲工具

手工弯曲钢筋的方法，在工地现场经常被采用，主要使用的工具和设备有以下几个部分。

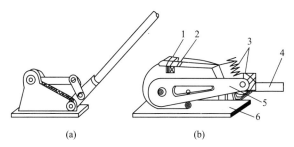

图 8-49　手压切断器外形及构造

（a）杠杆式；（b）齿轮式

1—动刀片；2—定刀片；3—齿轮；4—手压杆；5—摇杆；6—底座

1）工作台：细钢筋弯曲的工作台，台面尺寸为 400cm×80cm（长×宽），高度约 85~100cm；粗钢筋弯曲的工作台，台面尺寸为 800cm×80cm（长×宽），高度约 80~85cm。工作台的面板可用 5cm 厚木板，支腿用 20cm×20cm 木方拼成。工作台要求稳固牢靠，避免在操作时产生晃动。

2）手摇扳：由一块钢板底盘和扳柱（钢筋柱）、扳手（或摇手）组成，是弯曲细钢筋的主要工具。手摇扳手长度为 300~500mm，可根据弯制钢筋的直径适当调节长度，底盘钢板厚 4~6mm，扳柱直径为 $\phi16$ 或 $\phi18$，扳手用 $\phi14$~$\phi18$ 钢筋制成。操作时，底盘必须固定在工作台上。

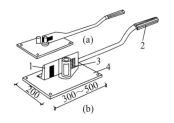

图 8-50　手摇扳

1—挡板；2—扳手；3—扳柱；4—底盘

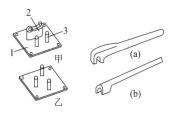

图 8-51　卡盘和扳子

1—底盘；2—钢套；3—扳柱

3）卡盘、钢筋扳手：卡盘是弯粗钢筋的主要工具之一，由一块钢板底盘和扳柱（$\phi20$~$\phi25$ 钢筋）组成，底盘固定在工作台上。钢筋扳手和卡盘配合使用，有横口和顺口两种。横口扳手又有平头和弯头之分，弯头横口扳手仅在绑扎钢筋时纠正某些钢筋形状或位置时使用，常用的是平头横口扳手。当弯制直径较粗的钢筋时，可在扳手柄端部接上套管，加长力臂使弯曲省力。钢筋扳手的扳口尺寸应比所弯制的钢筋大 2mm 为合适，过大将影响弯制形状的正确性，所以在准备钢筋弯曲工具时，应配备有不同规格扳口的扳手。

8.7.3　混凝土工程

混凝土工程施工包括配料、搅拌、运输、浇筑、振捣和养护等施工过程。必须确保每个施工过程的施工质量，以保证混凝土结构的强度、刚度、密实性与整体性要求。

（1）混凝土的配料

配料时一是称量要准确，二是要按砂、石骨料实际含水率的变化进行施工配合比的换算。

1）投料的质量偏差不得超过以下数值：水泥、水、外加剂±2%；粗细骨料 ±5%。

2）外加剂的掺量必须准确，并搅拌均匀。外加剂用量一般以水泥用量的百分率计算，粉剂可按比例先与水泥拌合均匀，或在搅拌时加入；溶液型可先按比例稀释，再按用水量加入。

（2）混凝土的搅拌

1）为保证混凝土的搅拌质量，农房建设时应尽量采用机械搅拌，常用的自落式搅拌机、强制式搅拌机如图 8-52、图 8-53 所示。

图 8-52　混凝土自落式搅拌机　　　图 8-53　混凝土强制式搅拌机

2）搅拌操作人员应监督混凝土投料顺序、投料计量等环节，严禁超载。

3）混凝土的投料顺序：

一次投料法：石子→水泥→砂→水→（搅拌）；

预拌水泥砂浆法：砂及水泥→水→（搅拌）→石子→（搅拌）；

预拌水泥净浆法：水泥→水→（搅拌）→石子及砂→（搅拌）。

预拌水泥砂浆法和预拌水泥净浆法又称二次投料法，可相对节约水泥。

4）搅拌前充分润湿搅拌筒，搅拌中应随时观察混凝土流动性，如感觉流动性不好，应告诉施工技术人员进行调整（简易方法是增加水泥浆量），严禁随意加减用水量。

5）混凝土搅拌时间指从全部材料投入搅拌筒算起，到开始卸料为止所经历的时间。搅拌时间过短，混凝土拌合不均匀，强度及和易性将下降；搅拌时间过长，不但降低搅拌的生产效率，同时和易性也会降低，从而影响混凝土的浇筑质量。混凝土搅拌的最短时间应满足表 8-8 规定。

混凝土搅拌的最短时间（s）　　　　表 8-8

混凝土坍落度	搅拌机规格	搅拌机出料量		
		<250L	250~500L	>500L
≤ 30mm	强制式	60	90	120
	自落式	90	120	150
>30mm	强制式	60	60	90
	自落式	90	90	120

注：掺有外加剂时，搅拌时间应适当延长。

（3）混凝土浇筑入模

1）对模板及其支架、钢筋、预埋件和预埋管线等必须进行检查，并做好隐蔽工程的验收，符合设计要求后方能浇筑混凝土。

2）在浇筑混凝土前，应清除模板内的淤泥、杂物和钢筋上的油污，地基上浇筑混凝土应有排水和防水措施。

3）为了保证混凝土浇筑时不产生离析现象，混凝土自高处倾落时的自由倾落高度不应超过 2m，在浇筑竖向混凝土构件时，倾落高度不应超过 3m，否则要采用溜槽、串筒、溜管下落。

（4）混凝土振捣

混凝土拌合物浇筑后，需经振动密实才能达到设计要求的外形和强度。人工振捣是利用捣锤或插钎等工具的冲击力来使混凝土密实成型，其效率低、效果差；机械振捣是将振动器的振动力传给混凝土，使之发生强迫振动而密实成型，其效率高、质量好。常用振动器包括振动棒和平板振动器，前者用来振捣梁柱混凝土，后者用来振捣楼板混凝土。

（5）混凝土浇筑间歇时间

梁、板混凝土浇筑时要分层进行，振捣密实。浇筑工作应尽可能连续作业，如必须间歇，其间歇时间应尽量缩短，并应在前层混凝土初凝前，将次层混凝土浇筑并振捣完毕。间歇的时间最长不应超过表 8-9 的规定，否则应留置施工缝。

混凝土从搅拌机中卸出后到浇筑完毕的延续时间（s）　表 8-9

混凝土强度等级	气温	
	≤ 25℃	>25℃
≤ C30	120	90
>C30	90	60

（6）施工缝留设与处理

1）混凝土施工缝的位置应留在结构受剪力较小且便于施工的部位。柱子的施工缝宜留在基础的顶面、梁的下面；单向板的施工缝，可留在平行于短边的任何位置处；对于有主次梁的楼板结构，混凝土宜顺着次梁方向浇筑，施工缝应留在次梁跨中 1/3 范围内。现浇楼梯板的施工缝可留设在斜板中部 1/3 范围。

2）待浇筑混凝土的抗压强度不小于 1.2MPa 后，方可进行施工缝的处理，一般不少于 24h。应先除去已浇筑混凝土表面松动的石子，并用水充分湿润和冲洗，但不得有积水。施工缝处宜先铺水泥浆（与混凝土成分相同的水泥砂浆）一层，以保证接缝的质量。继续浇筑混凝土过程应细致捣实，使新旧混凝土结合紧密。

（7）混凝土的养护

1）混凝土拌合物能逐渐凝结硬化，主要是因为水泥水化作用的结果，而水化作用需要适当的湿度和温度。混凝土的养护就是在混凝土浇筑后，在硬化过程中进行湿度和温度的控制，以保证混凝土达到设计要求强度。

2）洒水养护方式：是用吸水保湿能力较强的材料（如草帘、芦席、麻袋、锯末等）将混凝土覆盖，经常洒水使其保持湿润。在混凝土浇筑完毕后 12h 内应加以覆盖和浇水，干硬性混凝土应于浇筑完毕后立即进行养护。

3）除火山灰硅酸盐水泥和粉煤灰硅酸盐水泥配制的混凝土、有抗渗要求的混凝土、掺缓凝剂的混凝土养护不少于 14d 外，其余的混凝土养护不得少于 7d，养护期间的浇水次数以保证混凝土表面充分湿润为宜。

4）混凝土必须养护至其强度达到 1.2MPa 以上，才准在上面行人和架设模板。

（8）混凝土质量缺陷的处理

1）表面抹浆修补：对于数量不多的细小裂缝、小蜂窝、麻面、露筋、露石的混凝土表面，主要是保护钢筋和混凝土不受侵蚀，可用 1∶2~1∶2.5 的水泥砂浆抹面修整。在抹砂浆前，用钢丝刷或加压力的水清洗润湿，抹浆初凝后要加强养护工作。

如构件开裂较大、较深时，应将裂缝附近的混凝土表面凿毛，或沿裂缝方向凿成深 15~20mm、宽 100~200mm 的 V 形槽，扫净并洒水湿润后，先刷水泥净浆一层．然后用 1∶2~1∶2.5 的水泥砂浆分

2~3 层涂抹，总厚度控制在 10~20mm 之间，并压实抹光。

2）细石混凝土填补：当蜂窝比较严重或露筋较深时，应除掉附近不密实的混凝土和突出的骨料颗粒，用清水洗刷干净并充分润湿后，再用比原强度等级高一级的细石混凝土填补并仔细捣实。对孔洞修补时，可将孔洞处疏松的混凝土和突出的石子剔凿掉，孔洞顶部要凿成斜面，然后用水刷洗干净、湿润后，用比原混凝土强度等级高一级的细石混凝土捣实。

8.8　屋面女儿墙及烟囱施工

8.8.1　女儿墙施工

普通农房不上人屋面女儿墙高度不宜大于 0.5m，上人平屋面女儿墙高度不应大于 1.2m。当女儿墙高度大于 0.5m 时，应沿女儿墙设置钢筋混凝土构造柱，构造柱间距不宜大于 4.0m。女儿墙上构造柱施工步骤如下。

（1）绑扎屋顶圈梁钢筋时插入女儿墙构造柱竖向钢筋。如图 8-54 所示。

（2）砌筑女儿墙及绑扎女儿墙钢筋，预留拉接筋。如图 8-55 所示。

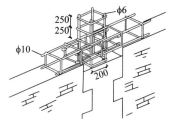
图 8-54　女儿墙构造柱钢筋的锚固

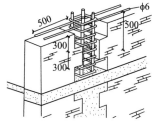
图 8-55　女儿墙的砌筑

（3）浇筑女儿墙构造柱及压顶混凝土。如图 8-56 所示。

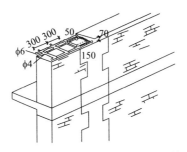

图 8-56　女儿墙构造柱、压顶的浇筑

8.8.2　出屋面烟囱施工

突出屋面的烟囱，当高度 h 大于 500mm 或位于房屋出入口上方时应在烟囱四角设置构造柱，并与主体结构可靠拉接。当烟囱口径较小时，也可以在墙体内设置水平拉接钢筋，或适当提高砌筑砂浆强度等级并将烟囱外壁用砂浆抹面即可。

（1）在屋面处绑扎烟囱附加圈梁钢筋。如图 8-57 所示。

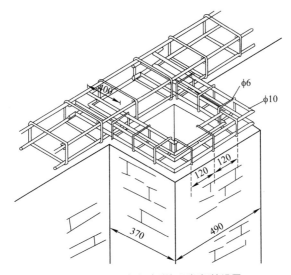

图 8-57　屋面处烟囱附加圈梁钢筋设置

（2）绑扎烟囱构造柱钢筋、砌筑烟囱墙体。如图 8-58 所示。

（3）浇筑烟囱构造柱混凝土，绑扎盖板钢筋，浇筑盖板混凝土。如图 8-59 所示。

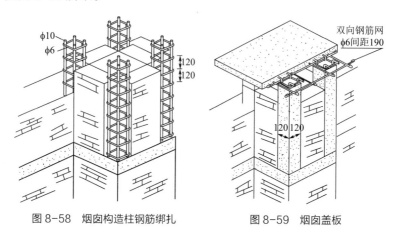

图 8-58　烟囱构造柱钢筋绑扎　　　　图 8-59　烟囱盖板

8.9　屋面防水工程

普通农房屋面防水材料耐用年限应不少于 10 年。卷材防水与刚性防水为普通农房主要采用的屋面防水做法。

8.9.1　卷材防水屋面

（1）施工要点

1）施工的环境要求：为了保证施工操作以及卷材铺贴的质量，宜在 +5～+35℃气温下施工；高聚物改性沥青以及高分子防水卷材不宜在负温以下施工，热熔法铺贴卷材可以在 -10℃以上的气温条件下施工，这种卷材耐低温，在负温下不易被冻坏。雨、雪、霜、雾或大气湿度过大，以及大风天气均不宜露天作业。

2）对屋面排水坡度的要求：平屋面的排水坡度为 2%~3%，当坡度小于等于 2% 时，宜选用材料找坡；当坡度大于 3% 时，宜选用结构找坡。天沟、檐沟的纵向坡度不应小于 1%，沟底落差不得超过 200mm；水落口周围直径 500mm 范围内坡度不应小于 5%。

3）对屋面基层空隙、裂缝的处理：基层是预制混凝土板的，当板与板之间的缝隙宽度小于 20mm 时，采用细石混凝土灌缝，石子粒径不得大于 10mm，其强度等级不得小于 C20，并尽可能使用膨胀水泥或掺膨胀剂搅拌的混凝土进行灌缝；当板与板之间的缝隙宽度大于 40mm 时，板缝内应设 1φ6 通长钢筋，浇筑完板缝混凝土后，应及时覆盖并浇水养护 7d（天），待混凝土强度等级满足要求，方可继续施工。

基层是现浇钢筋混凝土时，当板内存在有裂缝，应先用凿子把裂缝凿成 15~20mm 宽，倒八字形的槽沟，然后把石渣清走，把沟槽吹干净，用填缝油膏或热沥青分二至三次填满裂缝，每次间隔时间至少 15min（分钟），填满裂缝后用滚筒压平即可。

（2）质量通病及防治措施

1）屋面山墙、女儿墙泛水渗漏

主要原因包括：材料收头构造不合理，卷材张口没有钉牢，封口处未用密封材料密封或封闭不严；女儿墙压顶板抹灰层开裂，雨水沿墙面进入；挑眉砖抹灰层开裂或后浇混凝土挑檐开裂等。

防治措施：

①砖砌女儿墙高度较低时，卷材收头可直接铺至女儿墙压顶下，用金属压条钉压固定，并用密封材料封闭严密，压顶内侧底部抹鹰嘴滴水。如图 8-60 所示。

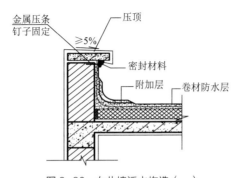

图 8-60　女儿墙泛水构造（一）

②砖砌女儿墙高度较低时，也可将防水卷材上卷至女儿墙顶面的 1/2 处，然后再做混凝土压顶。或在做混凝土压顶时，先压入一层卷材甩出大于 200mm，当屋面防水卷材卷上后，将甩出的卷材粘贴在上卷的卷材外面。如图 8-61 所示。

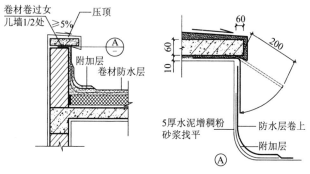

图 8-61　女儿墙泛水构造（二）

③砖砌女儿墙较高时，卷材收头可压入砖墙预留的凹槽内，用压条钉压固定，并用密封材料封严，凹槽距屋面找平层高度应大于 250mm，凹槽上部墙体抹水泥砂浆或聚合物砂浆保护。如图 8-62 所示。

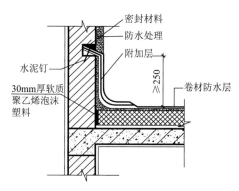

图 8-62　女儿墙泛水构造（三）

④取消挑眉砖，挑檐采用混凝土浇筑。

⑤屋面保温层和找平层施工时，在女儿墙根部应放置 30mm 厚

聚苯板，防止屋面找平层因温差变形挤压女儿墙，使其根部产生裂缝。

2）屋面水落口处渗漏

主要原因包括：坡向错误，出现返坡；水落口安装不牢，嵌缝不严，或未做密封处理；防水层和附加层做法不正确等。

防治措施：

①水落口安装时位置、标高、坡向要正确。水落口标高应考虑排水坡度和找平层、保温层、防水层等的厚度。

②水落口安装时与女儿墙或屋面板四周采用细石混凝土（掺膨胀剂）嵌填密实。

③水落口周围直径 500mm 范围内坡度不应小于 5%，水落口与基层接触处，应留宽 20mm，深 20mm 凹槽，嵌填密封材料。如图 8-63 所示。

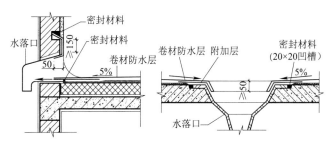

图 8-63　屋面水落口防水构造

3）屋面卷材起鼓

卷材起鼓一般在防水层施工后不久产生，高温条件下尤其严重。鼓泡一般由小到大逐渐发展，还可能出现连片起鼓。

原因分析：卷材防水层粘结不实；找平层和保温层中含水量过高，当其受阳光照射后体积膨胀而造成卷材鼓泡。

防治措施：卷材铺贴前，基层应干净、干燥；铺贴时应将卷材与基层之间粘结压实。

4）屋面卷材接缝处漏水

原因分析：卷材铺贴方向不正确；卷材搭接方向不正确；卷材短

边和相邻两幅卷材长、短边接搭宽度不符合要求；高分子防水卷材搭接部位未采用接缝专用胶粘剂粘合，或未采用密封材料封严。

防治措施：

①卷材铺贴方向应按屋面坡度的大小进行铺贴。屋面坡度小于3%时，卷材宜平行屋脊铺贴；屋面坡度在3%～15%时，卷材可平行或垂直屋脊铺贴；屋面坡度大于15%或屋面受振动时，卷材应垂直屋脊铺贴；上下层卷材不得相互垂直铺贴。

②铺贴卷材应采用搭接法。平行于屋脊的搭接缝，应顺流水方向搭接，垂直于屋脊的搭接缝，应顺最大频率风向搭接。

③下层卷材的搭接缝及相邻两幅卷材的接缝应错开1/3～1/2卷材幅宽，短边应错开不小于300mm。沥青防水卷材长边搭接宽度一般不小于70mm。如图8-64所示。

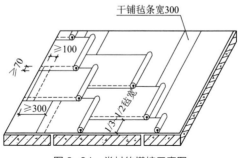

图8-64　卷材的搭接示意图

8.9.2　刚性防水屋面

刚性防水材料作防水层的屋面称为刚性防水屋面。主要有细石混凝土屋面、补偿性收缩混凝土屋面。刚性防水不适用松散保温层屋面、大跨度和轻型屋盖屋面、受较大震动屋面或冲击的屋面。

刚性防水屋面施工要点如下：

（1）刚性防水屋面的结构层宜为整体现浇钢筋混凝土。当为预制混凝土屋面板时，应采用细石混凝土灌缝，其强度等级不应小于

C20，并宜掺微膨胀剂；屋面板板缝宽度大于 40mm 或上窄下宽时，板缝内应设置构造钢筋；板端缝应进行密封处理。

（2）刚性防水屋面的坡度宜为 2%~3%，并应采用结构找坡。细石混凝土防水层的厚度不应小于 40mm，并应配置 $\phi4$ 或 $\phi6$，间距为 100~200mm 的双向钢筋网片。钢筋网片在分格缝处应断开，其保护层厚度不应小于 10mm。

（3）刚性防水层与山墙、女儿墙以及与突出屋面结构的交接处，均应做柔性密封处理。

（4）刚性防水屋面在基层与防水层之间要做隔离层，使基层结构层与防水层变形互不约束。

（5）刚性防水层应设置分格缝，纵横分格缝一般不大于 6m，分格面积不超过 36m²，分格缝内应嵌填密封材料，分格缝宽度为 5~30mm，上部做保护层。

第 9 章

农房施工安全常识

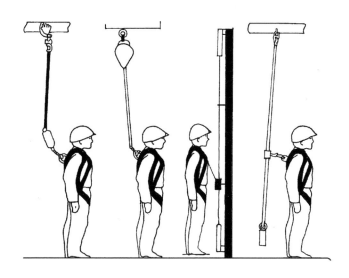

9.1 脚手架搭设与拆除

第1条 搭设或拆除脚手架的操作人员必须经专门培训，严禁生手搭设或拆除脚手架。

第2条 钢管有严重锈蚀、弯曲、压扁或裂纹的不得使用，扣件有脆裂、变形、滑丝的禁止使用。

第3条 竹脚手架的立杆、顶撑、大横杆、剪刀支撑、支杆等有效部分的小头直径不得小于7.5cm，小横杆直径不得小于9cm。达不到要求的，立杆间距应缩小。青嫩、裂纹、白麻、虫蛀的竹杆不得使用。

第4条 木脚手板应采用厚度不小于5cm的杉木或松木板，宽度以20~30cm为宜，凡是腐朽、扭曲、斜纹、破裂和透节的不得使用。板端用镀锌铁丝箍绕2~3圈或用铁皮钉牢。

第5条 竹片脚手板的板厚不得小于5cm，螺栓孔不得大于1cm，螺栓必须打紧。竹编脚手板应牢固密实，四周必须用铁丝绑扎。

第6条 竹脚手架的绑扎材料应采用8号以上镀锌铁丝或塑料绳，其抗拉强度应达到规范要求。

第7条 钢管脚手架的立杆应垂直稳放在金属底座或垫木上。立杆间距不得大于1.5m，架子宽度不得大于1.2m，大横杆应设四根，步高不大于1.8m。钢管的立杆、大横杆接头应错开，用扣件连接，拧紧螺栓，不得用铁丝绑扎。

第8条 竹脚手架必须采用双排脚手架，严禁搭设单排架。立杆间距不得大于1.2m，宽度不得大于4m。

第9条 竹立杆的搭接长度和大横杆的搭接长度不得小于1.5m。

绑扎时小头应压在大头上，绑扎不得少于三道。立杆、大横杆、小横杆相交时，应先绑两根，再绑第三根，不得一扣绑三根。

第 10 条　脚手架两端、转角处以及每隔 6~7 根立杆应设剪刀撑，与地面的夹角不得大于 60°，架子高度在 7m 以上，每二步四跨，脚手架必须同建筑物设连墙点，拉点应固定在立杆上，做到有拉有顶，拉顶同步。

第 11 条　主体施工时在施工层面及上下层三层满铺，装修时外架脚手板必须从上而下满铺，且铺搭面间隙不得大于 20cm，不得有空隙和探头板。脚手板搭接应严密，架子在拐弯处应交叉搭接。脚手板垫平时应用木块，且要钉牢，不得用砖垫。

第 12 条　翻脚手板必须两个人由里向外按顺序进行，在铺第一块或翻到最外一块脚手板时，必须挂好安全带。

第 13 条　斜道的铺设宽度不得小于 1.2m，坡度不得大于 1:3，防滑条间距不得大于 30cm。

第 14 条　脚手架的外侧、斜道和平台，必须绑 1~1.2m 高的护身栏杆和钉 20~30cm 高的挡脚板，并满挂安全防护立网。

第 15 条　砌筑用的里脚手架铺设宽度不得小于 1.2m，高度应保持低于外墙 20cm，支架间距不得大于 1.5m，支架底脚应有垫木块，并支在能承重的结构上。搭设双层架时，上下支架必须对齐，支架间应绑斜撑拉牢，不准随意搭设。

第 16 条　拆除脚手架时，必须有专人看管，周围应设围栏或警戒标志，非工作人员不得入内。拆除连墙点前应先进行检查，采取加固措施后，按顺序由上而下，一步一清，不准上下同时交叉作业。

第 17 条　拆除脚手架大横杆、剪刀撑，应先拆中间扣，再拆两头扣，由中间操作人往下顺杆子。

第18条 拆下的脚手杆、脚手板、钢管、扣件、钢丝绳等材料，严禁往下抛掷。

9.2 墙体砌筑

第1条 上下脚手架应走斜道爬梯。不准站在砖墙上砌筑、划线、勾缝、检查大角垂直度和清扫墙面等工作。

第2条 砌砖使用的工具应放在稳妥的地方。砍砖应面向墙面，工作完毕应将架上脚踏板的碎砖、灰浆清扫干净，防止掉落伤人。

第3条 山墙砌完后，应立即安装檩条或加临时支撑，防止倒塌。

第4条 起运、吊装砌块的夹具要牢固，就位放稳后，方可松开夹具。使用斗车时，装车不得超重，卸车要平稳，不得在临边倾倒和停放。

第5条 在屋面坡度大于25°时，挂瓦必须使用移动板梯，板梯必须有牢固的挂钩。

第6条 屋面上瓦应两坡同时进行，保持屋面受力均衡，瓦要放稳。屋面无望板时，应铺设通道，不准在檩条、瓦条上行走。

第7条 室内作业时，2m以上必须搭设里脚手架，铺好脚踏板，不准使用铁桶、垫砖、木凳等。

第8条 室内作业使用照明时，不准擅自拉接电源线，严禁使用花线、塑胶线作为导线。

第9条 砌筑时需要使用临时脚手架时，必须有牢固支撑，架板应采用长2~4m，宽30cm，厚5cm的杉木条板或竹条板，垫砖不得超过三块。

第10条 砌筑操作时，架板上堆砖不得超过三皮。同一架板上不得同时有两人或两人以上同时砌筑。

第11条 在高处架板上砌筑与装修操作时，不准抛扔工具、材料或其他物品，必须采用传递方法。

第 **12** 条　搬运石块时，必须拿稳、放牢，防止伤人。

第 **13** 条　砖墙（柱）日砌高度不宜超过 1.8m，毛石日砌高度不宜超过 1.2m。

9.3　墙体、顶棚抹灰及贴面

第 **1** 条　室内抹灰使用的木凳、金属支架应搭设平稳牢固，脚手板跨度不得大于 2m。架上堆放材料不得过于集中，在同一跨度内不应超过两人。

第 **2** 条　不准在门窗、暖气片、洗脸池等器物上搭设脚手板。阳台部位粉刷时，严禁踩踏在阳台栏板上进行操作。

第 **3** 条　机械喷灰涂料时应戴防护用品。压力表、安全阀应灵敏可靠，输浆管各部位接口应拧紧卡牢，管路摆放顺直，避免折弯。

第 **4** 条　贴面使用预制件、大理石、瓷砖等，应堆放整齐平稳，边用边运，安装要稳拿稳放，待灌浆凝固稳定后，方可拆除临时支撑。

第 **5** 条　使用磨石机，应戴绝缘手套穿绝缘靴，电源线不得有破皮漏电，金刚砂块安装必须牢固，经试运转正常，方可操作。

第 **6** 条　顶棚抹灰应戴防护眼镜，防止砂浆掉入眼内。

第 **7** 条　应避免交叉作业，防止坠物伤人。

9.4　混凝土模板支设与拆除

第 **1** 条　模板支撑不得使用腐朽、扭裂、劈裂的材料。顶撑要垂直，底端平整坚实，加垫木或木楔，并用横顺拉杆和剪刀撑拉牢。

第 **2** 条　支模应按工序进行，模板没有固定前，不得进行下道工序。禁止利用拉杆、支撑上下攀登。

第3条　支设 4m 以上的立柱模板，四周必须顶牢，操作时要搭设工作台，不足 4m 的，可使用马凳操作。

第4条　拆除模板应按顺序分段进行，严禁猛撬、硬砸或大面积撬落和拉倒。完工前不得留下松动和悬挂的模板，拆下的模板应及时运送到指定地点集中堆放。

第5条　凡遇到恶劣天气，如大雨、大雾及 6 级以上的大风，应停止露天高空作业。

9.5　木构件安装

第1条　在坡度大于 25° 的屋面上操作，应有防滑梯、护身栏杆等防护措施。

第2条　木屋架应在地面拼装。必须在上面拼装的应连续进行，中断时应设临时支撑。屋架就位后，应及时安装屋脊顶部木檩与临时支撑。吊运材料所用索具必须良好，绑扎要牢固。

第3条　安装二层楼以上外墙窗扇，如外面无脚手架或安全网，应挂好安全带。安装窗扇中的固定扇，必须钉牢固。

第4条　不准直接在板条天棚或隔声板上通行及堆放材料。必须通行时，应在大楞上铺设脚手板。

第5条　钉房檐板，必须站在脚手架上，禁止在屋面上探身操作。

顾上不顾下！

9.6　钢筋施工

第 1 条　钢材、半成品等应按规格、品种分别堆放整齐，制作场地要平整，工作台要稳固。

第 2 条　拉直钢筋时，卡头要卡牢，地锚要结实牢固，拉筋沿线 2m 区域内禁止行人。人工绞磨拉直，不准用胸、肚接触推杠，应缓慢松解，不得一次松开。

第 3 条　展开盘圆钢筋要一头卡牢，防止回弹，切断时要先用脚踩紧。

第 4 条　人工断料，工具必须牢固。切断小于 30cm 的短钢筋，应用钳子夹牢，禁止用手把扶。

第 5 条　多人合运钢筋，起、落、转、停等动作要一致，人工上下传送不得在同一垂直线上。钢筋堆放要分散、稳当，防止倾倒和塌落。

第 6 条　在高空、深坑绑扎钢筋和安装骨架，须搭设脚手架和马道。

第 7 条　绑扎立柱、墙体钢筋时，不得站在钢筋骨架上或攀登骨架上下。柱筋在 4m 以内，重量不大，可在地面或楼面上绑扎，整体竖起；柱筋在 4m 以上，应搭设工作台。

第 8 条　起吊钢筋骨架时，下方禁止站人。必须待骨架降落到离地 1m 以内方准靠近，就位支撑好方可摘钩。

第 9 条　绑扎立柱、墙体钢筋时，不准将木棒或横木插入钢筋骨架内，并坐在木棒或横木上操作。

第 10 条　在操作平台上堆放钢筋或物料应牢靠，操作工具不用时，必须装在工具袋内，以防坠物伤人。

第 11 条　使用钢筋冷拉机、切断机、弯曲机时，应遵守钢筋机械安全技术操作规程。

9.7   混凝土施工

第 1 条   车子向料斗倒料，应有挡车措施，不得用力过猛和撒把。

第 2 条   用井架运输时，小车把不得伸出笼外，车轮前后要挡牢，稳起稳落。

第 3 条   浇筑混凝土使用的溜槽及串筒节间必须连接牢固。操作部位应有护身栏杆，不准直接站在溜槽板上操作。

第 4 条   用输送泵输送混凝土，管道接头、安全阀必须完好，管道的架子必须牢固，输送前必须试送，检修必须卸压。

第 5 条   浇捣拱形结构，应自两边拱脚对称同时进行；浇筑圈梁、雨篷、阳台应设防护设施。

第 6 条   使用振动棒应穿胶鞋、戴绝缘手套，湿手不得接触开关，电源线不得有破皮漏电。

9.8   农房施工用电

第 1 条   农户建房前应按照当地电力部门临时用电要求，办理临时用电手续，找专业人员安装合格的临时用电设备。不得擅自接电，不得私自转供电，避免发生安全事故。

第 2 条   建筑工匠应掌握安全用电基本知识和所用机械设备的性能。

第 3 条   施工现场电线电缆不应随地来回拖动，线路较长时应该设木支撑架空；刀闸不应就地摆放，安装位置应该设在小孩不可触及之处，以防出现事故。

第 4 条   使用设备前必须按规定穿戴和配备好相应的劳动防护用品，并检查电气装置和保护设施是否完好，严禁设备带"病"运转。

第 5 条   停用的设备必须拉闸断电，锁好开关箱。

第 6 条   搬迁或移动用电设备，必须经电工切断电源并作妥善处理后进行。

第 7 条　电源动力线通过道路时，应架空或置于地槽内，槽上必须加设盖板保护。

别忘了你的"助手"

第 8 条　在建工程不得在高、低压线路下方施工。高、低压线路下方，不能搭设作业棚，建造生活设施或堆放构件、架具、材料及其他杂物等。

第 9 条　所有绝缘、检验工具，应妥善保管，严禁他用，并应定期检查、校验，电工在操作中应穿好绝缘鞋。

第 10 条　线路上禁止带负荷接电或断电，并禁止带电操作。

9.9　中小机械操作

9.9.1　搅拌机

第 1 条　搅拌机应安置在坚实地面，支撑平稳，不准用轮胎代替支架支撑。

第 2 条　开动前离合器、制动器、钢丝绳等应仔细检查。

第 3 条　搅拌机启动后，应等搅拌筒达到正常转速后再进行上料，上料后要及时加水。添加新料必须将搅拌机内原有的混凝土全部卸出后才能进行，不得中途停机或在满载时启动搅拌机。

第 4 条　转动时严禁将工具伸进筒内；检修时切断电源，固定料斗，进筒处理障碍时必须有人在外面监护。

第 5 条　作业后，应将料斗降落到料斗坑，如须升起则应用链条扣牢，切断电源锁好电箱，再进行全面清理。

9.9.2　振捣器

第 1 条　振捣器使用前必须仔细检查，旋转方向应与标记方向一致；各部位连接是否紧固，减振装置是否良好。

第2条 使用插入式振动棒时，一人操作，另一人配合掌握电动机和开关。操作时，振动棒应自然垂直地沉入混凝土中，拉管时不得用力太猛，如发现胶管漏电现象，应立即切断电源进行检修。

第3条 振捣器不准放置在初凝的混凝土楼板、脚手架上进行试振。如检修或操作间断时，应切断电源。

第4条 雨天操作时，振捣器的电动机应有防雨装置。在使用时要注意棒体与软管的接头必须密封，以免水浆侵入。

第5条 插入式振动棒在钢筋网上面振捣时，应注意勿使钢筋夹住振动棒或使棒体触及硬物而受到损坏。此外，还要随时注意电线的绝缘，如发现漏电或电动机零线脱落，应及时切断电源进行修理。

第6条 工作时，振动棒不能插入太深，棒的尾部须露出 1/3~1/4 为宜。

第7条 工作时，每次振动时间可根据混凝土坍落度决定，坍落度愈小，振动时间愈长。

第8条 柱不宜做长时间的振捣。否则会使下层的石子与水泥砂浆离析，从而影响混凝土浇筑质量。

第9条 在冬期施工时，如因滑润油脂凝结而不易启动时，可用炭火缓烤振动棒，但不能用烈火烤或用开水烫。

第10条 用绳拉平板振捣器时，拉绳必须绝缘和干燥。两人应密切配合，移动和转向时，动作要一致，并防止障碍物拌倒。

第11条 振捣器与平板之间的连接螺栓，要经常予以紧固。引入振捣器的动力线应固定在平板上，电器开关须安装在手柄上以便启闭。

第12条 在操作中进行移动时，须使电动机的导线保持足够的长度和松度，不能拉得太紧，以免线头被拉断。

第13条 振捣器的外表面应

保持清洁，不得使水泥浆粘结在电动机壳上，以免妨碍电动机散热。

9.9.3　龙门架升降机

第 1 条　组装后应进行验收，并进行空载，超载试验。

第 2 条　由专人操作管理，开机前检查钢丝绳、地锚、缆风绳良好，空载运行合格方可使用。

第 3 条　严禁载人，在安全装置可靠的情况下，卸料人员才能进入吊篮内工作。

第 4 条　禁止攀登架体与从架体下面穿越。

第 5 条　缆风绳不得随意拆除。

第 6 条　保养设备必须停机后运行。

第 7 条　架体及轨道发生变形必须及时校正。

第 8 条　严禁超载运行。

第 9 条　司机离开，应放下吊篮，切断电源。

9.9.4　卷扬机

第 1 条　卷扬机安装应平整坚实，机身和地锚固定牢靠，卷扬机和导向滑轮中心线对正，距离不小于 15m。

第 2 条　作业前检查钢丝绳、离合器、制动器等部件是否良好。

第 3 条　钢丝绳在卷筒上排列整齐，作业时最小需保留 3~5 圈。

第 4 条　作业时不准跨越钢丝绳。

第 5 条　吊运重物需空中停留时，除使用制动器外，并用齿轮保险卡牢。

第 6 条　操作时听从指挥人员指挥，不能擅自离开岗位。

第 7 条　作业中突然停电应立即拉开闸刀，并将运送物件放下。

9.9.5　蛙式打夯机

第 1 条　蛙式打夯机适用于夯实素土、灰土地基、地坪以及场地平整，不得夯实坚硬土、冻土、坚石或混有砖石碎砖的杂土。

第 2 条　两台以上蛙夯在同一工作面作业时，左右间距不得小于 5m，前后间距不得小于 10m。

第 3 条　操作蛙夯应有两人，一人操作，一人传递导线，操作和传递导线人员都要戴绝缘手套和穿绝缘胶鞋。

第 4 条　检查电路应符合要求，接地（接零）良好。各传动部件均应正常后，方可作业。

第 5 条　作业时，电缆线不可张拉过紧，应保证有 3~4m 的余量。

第 6 条　操作时，不得用力推拉或按压手柄，转弯时不得用力过猛。严禁急转弯。

第 7 条　夯实填高土方时，应从边缘 10~15cm 处开始夯实 2~3 遍后，再夯实边缘。

第 8 条　在室内作业时，应防止夯板或偏心块打在墙壁上。

第 9 条　经常保持机身清洁，底盘内落入石块或积泥，应停机清除。

第 10 条　作业后，切断电源，卷好电缆，如有破损应及时修理或更换。

9.9.6　木工平面刨

第 1 条　木工平面刨应由专业人员操作，其他人员不可作业。

第 2 条　使用前检查刨刀安装是否符合要求，及其他附件紧固程度。

第 3 条　刨料时两腿前后叉开，保持身体稳定，双手持料。刨大面时，手应按在料上面；刨小料时，可以按在料的上半部，但手指必须离开刨口 50mm 以上，严禁用手在料后推送、跨越刨口进行刨削。

第 4 条　被刨木料的厚度小于 30mm，长度小于 400mm 时，应用压板或压棍推送。厚度在 15mm，长度在 250mm 以下的木料，不得在平刨上加工。

第 5 条　每次刨削量不得超过 1.5mm，被刨的木料必须紧贴"靠山"，进料速度保持均匀。经过刨口时，按在料上的手用力要轻，禁止在刨刃上方回料。

第 6 条　被刨材料长度超过 2m 时，必须有两人操作；料头越过刨口 200mm 后，下手方准接料，接料后不准猛拉。

第 7 条　被刨木料如有裂破、硬节等缺陷时，必须处理后再施刨。刨旧料前，必须将料上的钉子、杂物清除干净。遇木槎、节疤要缓慢送料。严禁将手按在节疤上送料。

第 8 条　活动式的台面要调整切削量时，必须切断电源和停止运转，严禁在运动中进行调整，以防台面和刨刃接触造成飞刀事故。

第 9 条　换刀片应拉闸断电。

第 10 条　刀片和刀片螺丝的厚度、重量必须一致，刀架夹板必须平整贴紧，合金刀片焊缝的高度不得超过刀头，刀片紧固螺丝应嵌入刀片槽内，槽端离刀背不得小于 10mm。紧固刀片螺丝时，用力应均匀一致，不得过紧或过松。

第 11 条　机械运转时，不得将手伸进安全挡板里侧移动挡板。禁止拆除安全挡板进行刨削。

第 12 条　木料需要调头时，必须双手持料离开刨口后再进行调头，同时注意周围环境，防止碰伤人和物。

9.9.7　木工园盘锯

第 1 条　设备本身有开关控制，闸箱与设备距离不超过 2m。

第 2 条　锯片必须安装牢固，锯片不能连续缺齿。

第 3 条　安全防护装置要齐全、完整。

第 4 条　锯片转动正常后再进行锯料。

第 5 条　木料接近尾端时不要用手直接推进，可用短木顶料。

第 6 条　木料较长时两人配合操作，木料超过锯片 20cm 方可接料。

第 7 条　换锯片或清除台面木屑，应拉闸断电后进行。

附录1　农房承建合同示例

合　同

建 房 户：_____（以下简称甲方），住址：_____

建筑工匠：_____（以下简称乙方），住址：_____

依照《中华人民共和国合同法》、《中华人民共和国建筑法》及其他相关法律、法规，为了保护当事人的合法权益，保证房屋建设的质量与安全，遵循平等、公正和诚实信用原则，经甲乙双方协商，签订本合同。

一、工程概况

甲方拟在_____镇（乡）_____（行政）村_____组建设居住农房一栋，房屋层数_____层，建筑面积_____平方米，采用_____结构。

甲方自愿将以上工程发包给乙方，承包方式为：□包工不包料 □包工包料

二、工期要求

本工程从____年____月____日动工，计划____年____月____日完工。若遇下雨、停电或非人为因素引起停工，工期顺延。

三、工程质量要求

工程质量应符合设计图纸及双方约定的以下技术要求：

1. 地基：处理方式：□素土夯实 □3∶7灰土夯实 □其他_____

　　处理深度：_____

2. 基础：处理方式：□砖放脚基础 □混凝土基础 □毛石基础

　　　　　□其他_____

　　　　基础底部宽度：_____　　基础高度：_____

　　　　基础顶面圈梁：_____（截面及配筋）

　　3. 墙体：墙体类型：□普通砖墙　□砌块墙　□石墙　□生土墙

　　　　　　　　□其他_____

　　　　墙体厚度：_____砌筑灰浆要求：_____

　　　　墙体顶部圈梁：_____（设置位置、截面及配筋）

　　　　墙内构造柱：_____（设置位置、截面及配筋）

　　　　墙面处理：内墙：_____　外墙：_____

　　　　　　踢脚：_____　勒脚：_____

　　4. 楼面、屋面：□现浇混凝土楼板　□预制混凝土楼板　□木楼板

　　　　　　　□轻钢楼板

　　　　当为现浇楼板时，厚度：_____；混凝土强度：_____；

　　　　配筋：_____

　　5. 屋面保温与防水：

　　　　屋面保温做法：_____

　　　　屋面防水做法：_____

　　6. 门窗：门采用_____

　　　　　窗采用_____

　　7. 楼梯：楼梯位置：□室内　□室外

　　　　　楼梯类型：□混凝土楼梯　□钢楼梯　□木楼梯

　　　　　　　　□其他_____

　　8. 室外散水做法：_____

　　9. 水电安装要求：_____

　　　　_____

　　10. 其他：_____

四、施工内容及合同价款

施工内容及合同价款如下表所示。

内　　容	地基基础	墙体	楼面屋面	保温防水	门窗	楼梯	其他
材料费（元）							
人工费（元）							
总计（元）							

注：现场施工机械、机具、设备等由乙方提供，上述表格中的人工费包含施工机械、机具、设备的租赁费。

五、付款方式及时间

付款以现金支付。开工前应付合同总额的＿＿＿＿＿％，主体结构完成后三日内付合同总额的＿＿＿＿＿％，工程竣工验收后在＿＿＿＿＿日内付清余款。

六、安全事故及责任

1）开工前，乙方负责人应对所有工作人员进行安全生产教育。在施工过程中，应当严格遵守建筑行业安全规章、要求。在施工期间，因乙方原因造成的安全事故，概由乙方负责。

2）甲方有义务对施工现场安全进行监督，并对存在的安全隐患提出合理化建议。如因甲方原因或第三者造成的安全事故，由甲方负责。

七、材料及设备供应

1）甲方包料时，甲方应对材料的质量负责，主要建筑材料（水泥、钢筋、防水材料等）应有产品合格证与质量检验报告。

2）乙方包料时，乙方应对材料的质量负责，主要建筑材料（水泥、钢筋、防水材料等）应有产品合格证与质量检验报告。

现场施工机械、机具、设备等由乙方提供。

八、违约责任

1）工程出现施工质量问题，概由乙方负责，并承担赔偿责任，包括人工费、材料费及其他损失费等；经双方协商对存在问题能进行加固处理的，加固所需费用由乙方承担；因乙方原因致使房屋留有质量隐患而竣工时未被发现，但在房屋使用期限内造成人身和财产损害的，乙方应当承担损害赔偿责任。

2）甲方未按照约定的时间和要求提供原材料、场地、资金，或因甲方原因致使工程中途停建，乙方有权要求赔偿停工、窝工等损失。

3）因材料不合格造成的损失或质量事故由甲方负责。

4）因不可抗力不能履行合同的，根据不可抗力的影响，部分或全部免除责任，但法律另有规定的除外；当事人一方因不可抗力不能履行合同的应当及时通知对方。

九、竣工验收

由甲乙双方共同负责房屋的竣工验收。甲方有权聘请第三方（当地建筑工匠或村镇建设技术人员）参与验收。

十、争议处理

双方在履行合同过程中产生争议时，请当地主管部门调解或向人民法院提起诉讼。

十一、本合同一式四份，甲乙双方各执二份。

十二、本合同自签订之日起生效。

甲方：_____（签字）　电话：_____

乙方：_____（签字）　电话：_____

_____年___月___日

附录2　地震基本知识

1. 什么是地震

我国古代民间流传着这样一个传说："地底下有一条大鳌鱼，驮着大地，时间久了就要翻一翻身，于是大地就抖动起来，地震也就发生了。"随着科学的发展，人们对地震的认识逐渐从神话中走出。目前，国际上对地震的成因基本上有了共识：即地震是由地球表面岩体发生破裂错动引起的，首先发生破裂的位置就是震源，破裂迅速沿断层方向移动，遂形成地震。

作为一种突发式自然灾害，地震是人类面临的最大天敌。全世界每年大约发生 500 万次地震，其中，人能够感觉到的地震只有 5 万次左右，能造成严重破坏的大地震约 20 次左右，而特大地震平均每年只有一次。大地震或特大地震在瞬间就可以造成山崩地裂、河流改道、房屋倒塌、堤坝溃决，并引发一些次生灾害，给人民生命财产造成严重破坏。

2. 地震的类型

（1）地震按其成因主要分为构造地震、火山地震、陷落地震、诱发地震和人工地震。

构造地震：由于地下深处岩层错动、破裂等构造活动所引发的地震称为构造地震。这类地震发生的次数最多，破坏力也最大，约占全世界地震的90%以上。

火山地震：由于火山作用，如岩浆活动、气体爆炸等引起的地震称为火山地震。只有在火山活动区才可能发生火山地震，这类地震只占全世界地震的7%左右。

陷落地震：由于地下岩层陷落而引起的地震。这类地震的规模比较小，次数也很少，往往发生在溶洞密布的石灰岩地区或大规模地下开采的矿区。

诱发地震：由于人类活动（水库蓄水、油田注水、核爆炸等）引发的地震称为诱发地震。这类地震主要包括矿山诱发地震和水库诱发地震。

人工地震：地下核爆炸、炸药爆破等人为引起的地面振动称为人工地震。

（2）按震源深度不同，可将地震分为：浅源地震、中源地震、深源地震。

浅源地震：震源深度小于60km的地震。

中源地震：震源深度为60~300km的地震。

深源地震：震源深度大于300km的地震。

地球上75%以上的地震是浅源地震，其中震源深度多为5~20km。如1976年唐山地震震源深度为12km，2008年汶川地震为19km。一般来说，对于同样大小的地震，当震源较浅时，波及范围较小，而破坏程度较大；当震源较深时，波及范围则较大，而破坏程度相对较小，深度超过100km的地震在地面上一般不致引起灾害。

3. 地震波

地下岩层断裂错位伴随产生巨大的能量释放，造成周围弹性介质的强烈振动，这种振动以波的方式向外传播，称为地震波。这就像把石子投入水中，水波会向四周一圈一圈地扩散一样。地震波包含在地球内部传  播的体波和只限于在地面附近传播的面波。

体波又包括两种形式的波：**纵波**（P 波）和**横波**（S 波）。

纵波是振动方向和波的传播方向一致的波。在地壳中传播速度较快，到达地面时人感觉颠簸，物体上下跳动。

横波是振动方向和波的传播方向垂直的波，在地壳中横波传播的速度较慢。来自地下的横波到达地面时人感觉摇晃，物体为水平摆动。一般认为，横波是地震时造成建筑物破坏的主要原因。

由于纵波在地球内部传播速度大于横波，所以地震时，纵波总是先到达地表，而横波总落后一步。因此，发生较大的近震时，一般人们先感到上下颠簸，过数秒到十几秒后才感到有很强的水平晃动。这一点非常重要，因为纵波给我们一个警告，告诉我们造成建筑物破坏的横波马上要到了，应立即作出防备。

面波是体波经底层界面多次反射、折射后形成的次生波，它包括两种形式的波，即瑞雷波（R 波）和洛夫波（L 波）。面波振幅大，周期长，只在地表附近传播，比体波衰减慢，故能传播到很远的地方。

综上所述，地震发生时，首先到达的是纵波，然后是横波，面波最晚到达。当横波或面波到达时，地面振动最猛烈，造成的危害也最大。

4. 震级与地震烈度

（1）**震级**：是对地震大小的相对量度。表示地震本身大小的等级，反映了一次地震释放能量的多少，因此一次地震只能有一个震级。它根据地震仪测得的地震波振幅来确定。

按震级大小不同，我国将地震分为：

极微震：震级 < 1 级的地震。

微地震：1 级 ≤ 震级 < 3 级的地震。

小地震：3 级 ≤ 震级 < 5 级的地震。

中等地震：5 级 ≤ 震级 < 7 级的地震。

大地震：震级 ≥ 7 级的地震。

特大地震：震级 ≥ 8 级的大地震。

一般还可以根据震中附近的人的感觉不同，将震级小于 3.0 级的地震称为**无感地震**；将震级在 3.0~4.5 级之间的地震称为**有感地震**。

根据估算，震级相差一级，能量相差约 32 倍；一次 5 级左右的地震释放出的能量相当于 1945 年美国在广岛投下的那颗原子弹爆炸产生的能量。迄今为止，世界上记录到最大的地震为 8.9 级，是 1960 年发生在南美洲的智利地震。

除了震级这个客观指标外，工程上还常用地震烈度来表述一次地震的大小。

（2）**地震烈度**：是指地震引起的地面震动及其对地表建筑物造成影响的强弱程度。它同样可以用来衡量地震大小，但是完全不同于地震震级的概念。两者的关系可用炸弹爆炸来比喻：震级好比炸弹的装药量，烈度则是炸弹爆炸时造成的破坏程度。因此，一次地震只有一个震级，而烈度则随地区而异。对同一个地震，不同的地区，烈度大小是不一样的。距离震源近，破坏就大，烈度就高；距离震源远，破坏就小，烈度就低。此外，地震烈度还与地震大小、震源深度、地震传播介质、表土性质、建筑物动力特性等许多因素有关。

　　通过大量的地震现场考察和资料统计，以各种宏观的破坏现象作为判据，将烈度分作若干等级，并制定相应的判别标准，称为烈度表。表 1 为我国 2008 年修订的地震烈度表。

　　长期实践发现，当地震烈度为 1~2 度时，一般人感觉不到；3~5 度时，多数人都有感觉，而且烈度不同，感觉差异明显；当为 6~10 度时，人的感觉已无法分辨地震的强弱，这时应以建筑物的破坏程度加以区分；当烈度高于 10 度，多数建筑严重破坏或倒塌，这时只可依赖地表破坏现象加以区分。地震烈度示意图如图 1 所示。

3度：少数人有感，仪器能记录

4~5度：睡觉的人惊醒，吊灯摆动

6度：器具倾倒，房屋轻微损坏

7~8度：房屋中度破坏，地面裂缝

9~10度：桥梁、水坝损坏，房屋倒塌，地面破坏严重

11~12度：房屋大多数倒塌，毁灭性破坏，山河改观

图 1　地震烈度示意图

中国地震烈度表

表 1

地震烈度	人的感觉	房屋震害			其他震害现象	水平向地震动参数	
		类型	震害程度	平均震害指数		峰值加速度 m/s²	峰值速度 m/s
I	无感	—	—	—	—	—	—
II	室内个别静止中的人有感觉	—	—	—	—	—	—
III	室内少数静止中的人有感觉	—	门、窗轻微作响	—	悬挂物微动	—	—
IV	室内多数人、室外少数人有感觉，多数人梦中惊醒	—	门、窗作响	—	悬挂物明显摆动，器皿作响	—	—
V	室内绝大多数、室外多数人有感觉，多数人梦中惊醒	—	门窗、屋顶、屋架颤动作响，灰土掉落，个别房屋墙体抹灰出现细微裂缝，个别屋顶烟囱掉砖	—	悬挂物大幅度晃动，不稳定器物摇动或翻倒	0.31（0.22~0.44）	0.03（0.02~0.04）

续表

地震烈度	人的感觉	房屋震害			其他震害现象	水平向地震动参数	
		类型	震害程度	平均震害指数		峰值加速度 m/s²	峰值速度 m/s
VI	多数人站立不稳,少数人惊逃户外	A	少数中等破坏,多数轻微破坏和/或基本完好	0.00~0.11	家具和物品移动;河岸和松软土出现裂缝,饱和砂层出现喷砂冒水;个别独立砖烟囱轻度裂缝	0.63(0.45~0.89)	0.06(0.05~0.09)
		B	个别中等破坏,少数轻微破坏,多数基本完好				
		C	个别轻微破坏,大多数基本完好	0.00~0.08			
VII	大多数人惊逃户外,骑自行车的人有感觉,行驶中的汽车驾乘人员有感觉	A	少数毁坏和/或严重破坏,多数中等和/或轻微破坏	0.09~0.31	物体从架子上掉落;河岸出现塌方,饱和砂层常见喷水冒砂,松软土地上地裂缝较多;大多数独立砖烟囱中等破坏	1.25(0.90~1.77)	0.13(0.10~0.18)
		B	少数中等破坏,多数轻微破坏和/或基本完好				
		C	少数中等和/或轻微破坏,多数基本完好	0.07~0.22			

续表

地震烈度	人的感觉	房屋震害			其他震害现象	水平向地震动参数	
		类型	震害程度	平均震害指数		峰值加速度 m/s²	峰值速度 m/s
Ⅷ	多数人摇晃颠簸，行走困难	A	少数毁坏，多数严重和/或中等破坏	0.29~0.51	干硬土上出现裂缝，饱和砂层绝大多数喷砂冒水；大多数独立砖烟囱严重破坏	2.50(1.78~3.53)	0.25（0.19~0.35）
		B	个别毁坏，少数严重破坏，多数中等和/或轻微破坏				
		C	少数严重和/或中等破坏，多数轻微破坏	0.20~0.40			
Ⅸ	行动的人摔倒	A	多数严重破坏或/和毁坏	0.49~0.71	干硬土上多处出现裂缝，可见基岩裂缝、错动，滑坡、塌方常见；独立砖烟囱多数倒塌	5.00(3.54~7.07)	0.50（0.36~0.71）
		B	少数毁坏，多数严重和/或中等破坏				
		C	少数毁坏和/或严重破坏，多数中等和/或轻微破坏	0.38~0.60			

续表

地震烈度	人的感觉	房屋震害			其他震害现象	水平向地震动参数	
		类型	震害程度	平均震害指数		峰值加速度 m/s²	峰值速度 m/s
X	骑自行车的人会摔倒，处不稳状态的人会撒离原地，有抛起感	A	绝大多数毁坏	0.69~0.91	山崩和地震断裂出现，基岩上拱桥破坏；大多数独立砖烟囱从根部破坏或倒毁	10.00(7.08~14.14)	1.00（0.72~1.41）
		B	大多数毁坏				
		C	多数毁坏和/或严重破坏	0.58~0.80			
XI	—	A	绝大多数毁坏	0.89~1.00	地震断裂延续很大，大量山崩滑坡	—	—
		B					
		C		0.78~1.00			
XII	—	A	几乎全部毁坏	1.00	地面剧烈变化，山河改观	—	—
		B					
		C					

注：表中给出的"峰值加速度"和"峰值速度"是参考值，括弧内给出的是变动范围

附录3 我国主要城镇抗震设防烈度

本附录摘自中华人民共和国国家标准《建筑抗震设计规范》GB 50011-2010之附录A。主要内容包括我国各县级及县级以上城镇的"抗震设防烈度"、"设计基本地震加速度值"和所属的"设计地震分组"。

参照国内通常说法，"抗震设防烈度为7度，设计基本地震加速度值为0.15g"可表述为"抗震设防烈度为7.5度"；"抗震设防烈度为8度，设计基本地震加速度值为0.30g"可表述为"抗震设防烈度为8.5度"。

农房设计时，一般可以按照建房地所属县城的设防烈度取用，当建房地距离所属县城较远而距临近县城较近时，也可参照临近县城设防烈度取用。

A.0.1 北京市

烈度	加速度	分组	县级及县级以上城镇
8度	0.20g	第二组	东城区、西城区、朝阳区、丰台区、石景山区、海淀区、门头沟区、房山区、通州区、顺义区、昌平区、大兴区、怀柔区、平谷区、密云区、延庆区

A.0.2 天津市

烈度	加速度	分组	县级及县级以上城镇
8度	0.20g	第二组	和平区、河东区、河西区、南开区、河北区、红桥区、东丽区、津南区、北辰区、武清区、宝坻区、滨海新区、宁河区
7度	0.15g	第二组	西青区、静海区、蓟县

A.0.3 河北省

	烈度	加速度	分组	县级及县级以上城镇
	7 度	0.15g	第一组	辛集市
	7 度	0.10g	第一组	赵县
石家庄市	7 度	0.10g	第二组	长安区、桥西区、新华区、井陉矿区、裕华区、栾城区、藁城区、鹿泉区、井陉县、正定县、高邑县、深泽县、无极县、平山县、元氏县、晋州市
	7 度	0.10g	第三组	灵寿县
	6 度	0.05g	第三组	行唐县、赞皇县、新乐市
唐山市	8 度	0.30g	第二组	路南区、丰南区
	8 度	0.20g	第二组	路北区、古冶区、开平区、丰润区、滦县
	7 度	0.15g	第三组	曹妃甸区（唐海）、乐亭县、玉田县
	7 度	0.15g	第二组	滦南县、迁安市
	7 度	0.10g	第三组	迁西县、遵化市
秦皇岛市	7 度	0.15g	第二组	卢龙县
	7 度	0.10g	第三组	青龙满族自治县、海港区
	7 度	0.10g	第二组	抚宁区、北戴河区、昌黎县
	6 度	0.05g	第三组	山海关区
邯郸市	8 度	0.20g	第二组	峰峰矿区、临漳县、磁县
	7 度	0.15g	第二组	邯山区、丛台区、复兴区、邯郸县、成安县、大名县、魏县、武安市
	7 度	0.15g	第一组	永年县
	7 度	0.10g	第三组	邱县、馆陶县
	7 度	0.10g	第二组	涉县、肥乡县、鸡泽县、广平县、曲周县

续表

	烈度	加速度	分组	县级及县级以上城镇
邢台市	7度	0.15g	第一组	桥东区、桥西区、邢台县[1]、内丘县、柏乡县、隆尧县、任县、南和县、宁晋县、巨鹿县、新河县、沙河市
	7度	0.10g	第二组	临城县、广宗县、平乡县、南宫市
	6度	0.05g	第三组	威县、清河县、临西县
保定市	7度	0.15g	第二组	涞水县、定兴县、涿州市、高碑店市
	7度	0.10g	第二组	竞秀区、莲池区、徐水区、高阳县、容城县、安新县、易县、蠡县、博野县、雄县
	7度	0.10g	第三组	清苑区、涞源县、安国市
	6度	0.05g	第三组	满城区、阜平县、唐县、望都县、曲阳县、顺平县、定州市
张家口市	8度	0.20g	第二组	下花园区、怀来县、涿鹿县
	7度	0.15g	第二组	桥东区、桥西区、宣化区、宣化县[2]、蔚县、阳原县、怀安县、万全县
	7度	0.10g	第三组	赤城县
	7度	0.10g	第二组	张北县、尚义县、崇礼县
	6度	0.05g	第三组	沽源县
	6度	0.05g	第二组	康保县
承德市	7度	0.10g	第三组	鹰手营子矿区、兴隆县
	6度	0.05g	第三组	双桥区、双滦区、承德县、平泉县、滦平县、隆化县、丰宁满族自治县、宽城满族自治县
	6度	0.05g	第一组	围场满族蒙古族自治县
沧州市	7度	0.15g	第二组	青县
	7度	0.15g	第一组	青县、肃宁县、献县、任丘市、河间市
	7度	0.10g	第三组	黄骅市
	7度	0.10g	第二组	新华区、运河区、沧县[3]、东光县、南皮县、吴桥县、泊头市
	6度	0.05g	第三组	海兴县、盐山县、孟村回族自治县

续表

	烈度	加速度	分组	县级及县级以上城镇
廊坊市	8度	0.20g	第二组	安次区、广阳区、香河县、大厂回族自治县、三河市
	7度	0.15g	第二组	固安县、永清县、文安县
	7度	0.15g	第一组	大城县
	7度	0.10g	第二组	霸州市
衡水市	7度	0.15g	第一组	饶阳县、深州市
	7度	0.10g	第二组	桃城区、武强县、冀州市
	7度	0.10g	第一组	安平县
	6度	0.05g	第三组	枣强县、武邑县、故城县、阜城县
	6度	0.05g	第二组	景县

注：1 邢台县政府驻邢台市桥东区；
　　2 宣化县政府驻张家口市宣化区；
　　3 沧县政府驻沧州市新华区。

A.0.4 山西省

	烈度	加速度	分组	县级及县级以上城镇
太原市	8度	0.20g	第二组	小店区、迎泽区、杏花岭区、尖草坪区、万柏林区、晋源区、清徐县、阳曲县
	7度	0.15g	第二组	古交市
	7度	0.10g	第三组	娄烦县
大同市	8度	0.20g	第二组	城区、矿区、南郊区、大同县
	7度	0.15g	第三组	浑源县
	7度	0.15g	第二组	新荣区、阳高县、天镇县、广灵县、灵丘县、左云县
阳泉市	7度	0.10g	第三组	盂县
	7度	0.10g	第二组	城区、矿区、郊区、平定县

	烈度	加速度	分组	县级及县级以上城镇
长治市	7度	0.10g	第三组	平顺县、武乡县、沁县、沁源县
	7度	0.10g	第二组	城区、郊区、长治县、黎城县、壶关县、潞城市
	6度	0.05g	第三组	襄垣县、屯留县、长子县
晋城市	7度	0.10g	第三组	沁水县、陵川县
	6度	0.05g	第三组	城区、阳城县、泽州县、高平市
朔州市	8度	0.20g	第二组	山阴县、应县、怀仁县
	7度	0.15g	第二组	朔城区、平鲁区、右玉县
晋中市	8度	0.20g	第二组	榆次区、太谷县、祁县、平遥县、灵石县、介休市
	7度	0.10g	第三组	榆社县、和顺县、寿阳县
	7度	0.10g	第二组	昔阳县
	6度	0.05g	第三组	左权县
运城市	8度	0.20g	第三组	永济市
	7度	0.15g	第三组	临猗县、万荣县、闻喜县、稷山县、绛县
	7度	0.15g	第二组	盐湖区、新绛县、夏县、平陆县、芮城县、河津市
	7度	0.10g	第二组	垣曲县
忻州市	8度	0.20g	第二组	忻府区、定襄县、五台县、代县、原平市
	7度	0.15g	第三组	宁武县
	7度	0.15g	第二组	繁峙县
	7度	0.10g	第三组	静乐县、神池县、五寨县
	6度	0.05g	第三组	岢岚县、河曲县、保德县、偏关县
临汾市	8度	0.30g	第二组	洪洞县
	8度	0.20g	第二组	尧都区、襄汾县、古县、浮山县、汾西县、霍州市

续表

	烈度	加速度	分组	县级及县级以上城镇
临汾市	7 度	0.15g	第二组	曲沃县、翼城县、蒲县、侯马市
	7 度	0.10g	第三组	安泽县、吉县、乡宁县、隰县
	6 度	0.05g	第三组	大宁县、永和县
吕梁市	8 度	0.20g	第二组	文水县、交城县、孝义市、汾阳市
	7 度	0.10g	第三组	离石区、岚县、中阳县、交口县
	6 度	0.05g	第三组	兴县、临县、柳林县、石楼县、方山县

A.0.5　内蒙古自治区

	烈度	加速度	分组	县级及县级以上城镇
呼和浩特市	8 度	0.20g	第二组	新城区、回民区、玉泉区、赛罕区、土默特左旗
	7 度	0.15g	第二组	托克托县、和林格尔县、武川县
	7 度	0.10g	第二组	清水河县
包头市	8 度	0.30g	第二组	土默特右旗
	8 度	0.20g	第二组	东河区、石拐区、九原区、昆都仑区、青山区
	7 度	0.15g	第二组	固阳县
	6 度	0.05g	第三组	白云鄂博矿区、达尔罕茂明安联合旗
乌海市	8 度	0.20g	第二组	海勃湾区、海南区、乌达区
赤峰市	8 度	0.20g	第一组	元宝山区、宁城县
	7 度	0.15g	第一组	红山区、喀喇沁旗
	7 度	0.10g	第一组	松山区、阿鲁科尔沁旗、敖汉旗
	6 度	0.05g	第一组	巴林左旗、巴林右旗、林西县、克什克腾旗、翁牛特旗
通辽市	7 度	0.10g	第一组	科尔沁区、开鲁县
	6 度	0.05g	第一组	科尔沁左翼中旗、科尔沁左翼后旗、库伦旗、奈曼旗、扎鲁特旗、霍林郭勒市

续表

	烈度	加速度	分组	县级及县级以上城镇
鄂尔多斯市	8度	0.20g	第二组	达拉特旗
	7度	0.10g	第三组	东胜区、准格尔旗
	6度	0.05g	第三组	鄂托克前旗、鄂托克旗、杭锦旗、伊金霍洛旗
	6度	0.05g	第一组	乌审旗
呼伦贝尔市	7度	0.10g	第一组	扎赉诺尔区、陈巴尔虎右旗、扎兰屯市
	6度	0.05g	第一组	海拉尔区、阿荣旗、莫力达瓦达斡尔族自治旗、鄂伦春自治旗、鄂温克族自治旗、陈巴尔虎旗、新巴尔虎左旗、满洲里市、牙克石市、额尔古纳市、根河市
巴彦淖尔市	8度	0.20g	第二组	杭锦后旗
	8度	0.20g	第一组	磴口县、乌拉特前旗、乌拉特后旗
	7度	0.15g	第二组	临河区、五原县
	7度	0.10g	第二组	乌拉特中旗
乌兰察布市	7度	0.15g	第二组	凉城县、察哈尔右翼前旗、丰镇市
	7度	0.10g	第三组	察哈尔右翼中旗
	7度	0.10g	第二组	集宁区、卓资县、兴和县
	6度	0.05g	第三组	四子王旗
	6度	0.05g	第二组	化德县、商都县、察哈尔右翼后旗
兴安盟	6度	0.05g	第一组	乌兰浩特市、阿尔山市、科尔沁右翼前旗、科尔沁右翼中旗、扎赉特旗、突泉县
锡林郭勒盟	6度	0.05g	第三组	太仆寺旗
	6度	0.05g	第二组	正蓝旗
	6度	0.05g	第一组	二连浩特市、锡林浩特市、阿巴嘎旗、苏尼特左旗、苏尼特右旗、东乌珠穆沁旗、西乌珠穆沁旗、镶黄旗、正镶白旗、多伦县

续表

	烈度	加速度	分组	县级及县级以上城镇
阿拉善盟	8度	0.20g	第二组	阿拉善左旗、阿拉善右旗
	6度	0.05g	第一组	额济纳旗

A.0.6　辽宁省

	烈度	加速度	分组	县级及县级以上城镇
沈阳市	7度	0.10g	第一组	和平区、沈河区、大东区、皇姑区、铁西区、苏家屯区、浑南区（原东陵区）、沈北新区、于洪区、辽中县
	6度	0.05g	第一组	康平县、法库县、新民市
大连市	8度	0.20g	第一组	瓦房店市、普兰店市
	7度	0.15g	第一组	金州区
	7度	0.10g	第二组	中山区、西岗区、沙河口区、甘井子区、旅顺口区
	6度	0.05g	第二组	长海县
	6度	0.05g	第一组	庄河市
鞍山市	8度	0.20g	第二组	海城市
	7度	0.10g	第二组	铁东区、铁西区、立山区、千山区、岫岩满族自治县
	7度	0.10g	第一组	台安县
抚顺市	7度	0.10g	第一组	新抚区、东洲区、望花区、顺城区、抚顺县[1]
	6度	0.05g	第一组	新宾满族自治县、清原满族自治县
本溪市	7度	0.10g	第二组	南芬区
	7度	0.10g	第一组	平山区、溪湖区、明山区
	6度	0.05g	第一组	本溪满族自治县、桓仁满族自治县

续表

	烈度	加速度	分组	县级及县级以上城镇
丹东市	8度	0.20g	第一组	东港市
	7度	0.15g	第一组	元宝区、振兴区、振安区
	6度	0.05g	第二组	凤城市
	6度	0.05g	第一组	宽甸满族自治县
锦州市	6度	0.05g	第二组	古塔区、凌河区、太和区、凌海市
	6度	0.05g	第一组	黑山县、义县、北镇市
营口市	8度	0.20g	第二组	老边区、盖州市、大石桥市
	7度	0.15g	第二组	站前区、西市区、鲅鱼圈区
阜新市	6度	0.05g	第一组	海州区、新邱区、太平区、清河门区、细河区、阜新蒙古族自治县、彰武县
辽阳市	7度	0.10g	第二组	弓长岭区、宏伟区、辽阳县
	7度	0.10g	第一组	白塔区、文圣区、太子河区、灯塔市
盘锦市	7度	0.10g	第二组	双台子区、兴隆台区、大洼县、盘山县
铁岭市	7度	0.10g	第一组	银州区、清河区、铁岭县[2]、昌图县、开原市
	6度	0.05g	第一组	西丰县、调兵山市
朝阳市	7度	0.10g	第二组	凌源市
	7度	0.10g	第一组	双塔区、龙城区、朝阳县[3]、建平县、北票市
	6度	0.05g	第二组	喀喇沁左翼蒙古族自治县
葫芦岛市	6度	0.05g	第二组	连山区、龙港区、南票区
	6度	0.05g	第三组	绥中县、建昌县、兴城市

注：1 抚顺县政府驻抚顺市顺城区新城路中段；

　　2 铁岭县政府驻铁岭市银州区工人街道；

　　3 朝阳县政府驻朝阳市双塔区前进街道。

A.0.7 吉林省

	烈度	加速度	分组	县级及县级以上城镇
长春市	7度	0.10g	第一组	南关区、宽城区、朝阳区、二道区、绿园区、双阳区、九台区
	6度	0.05g	第一组	农安县、榆树市、德惠市
吉林市	8度	0.20g	第一组	舒兰市
	7度	0.10g	第一组	昌邑区、龙潭区、船营区、丰满区、永吉县
	6度	0.05g	第一组	蛟河市、桦甸市、磐石市
四平市	7度	0.10g	第一组	伊通满族自治县
	6度	0.05g	第一组	铁西区、铁东区、梨树县、公主岭市、双辽市
辽源市	6度	0.05g	第一组	龙山区、西安区、东丰县、东辽县
通化市	6度	0.05g	第一组	东昌区、二道江区、通化县、辉南县、柳河县、梅河口市、集安市
白山市	6度	0.05g	第一组	浑江区、江源区、抚松县、靖宇县、长白朝鲜族自治县、临江市
松原市	8度	0.20g	第一组	宁江区、前郭尔罗斯蒙古族自治县
	7度	0.10g	第一组	乾安县
	6度	0.05g	第一组	长岭县、扶余市
白城市	7度	0.15g	第一组	大安市
	7度	0.10g	第一组	洮北区
	6度	0.05g	第一组	镇赉县、通榆县、洮南市
延边朝鲜族自治州	7度	0.15g	第一组	安图县
	6度	0.05g	第一组	延吉市、图们市、敦化市、珲春市、龙井市、和龙市、汪清县

A.0.8　黑龙江省

	烈度	加速度	分组	县级及县级以上城镇
哈尔滨市	8度	0.20g	第一组	方正县
	7度	0.15g	第一组	依兰县、通河县、延寿县
	7度	0.10g	第一组	道里区、南岗区、道外区、松北区、香坊区、呼兰区、尚志市、五常市
	6度	0.05g	第一组	平房区、阿城区、宾县、巴彦县、木兰县、双城区
齐齐哈尔市	7度	0.10g	第一组	昂昂溪区、富拉尔基区、泰来县
	6度	0.05g	第一组	龙沙区、建华区、铁峰区、碾子山区、梅里斯达斡尔族区、龙江县、依安县、甘南县、富裕县、克山县、克东县、拜泉县、讷河市
鸡西市	6度	0.05g	第一组	鸡冠区、恒山区、滴道区、梨树区、城子河区、麻山区、鸡东县、虎林市、密山市
鹤岗市	7度	0.10g	第一组	向阳区、工农区、南山区、兴安区、东山区、兴山区、萝北县
	6度	0.05g	第一组	绥滨县
双鸭山市	6度	0.05g	第一组	尖山区、岭东区、四方台区、宝山区、集贤县、友谊县、宝清县、饶河县
大庆市	7度	0.10g	第一组	肇源县
	6度	0.05g	第一组	萨尔图区、龙凤区、让胡路区、红岗区、大同区、肇州县、林甸县、杜尔伯特蒙古族自治县
伊春市	6度	0.05g	第一组	伊春区、南岔区、友好区、西林区、翠峦区、新青区、美溪区、金山屯区、五营区、乌马河区、汤旺河区、带岭区、乌伊岭区、红星区、上甘岭区、嘉荫县、铁力市

	烈度	加速度	分组	县级及县级以上城镇
佳木斯市	7 度	0.10g	第一组	向阳区、前进区、东风区、郊区、汤原县
	6 度	0.05g	第一组	桦南县、桦川县、抚远县、同江市、富锦市
七台河市	6 度	0.05g	第一组	新兴区、桃山区、茄子河区、勃利县
牡丹江市	6 度	0.05g	第一组	东安区、阳明区、爱民区、西安区、东宁县、林口县、绥芬河市、海林市、宁安市、穆棱市
黑河市	6 度	0.05g	第一组	爱辉区、嫩江县、逊克县、孙吴县、北安市、五大连池市
绥化市	7 度	0.10g	第一组	北林区、庆安县
	6 度	0.05g	第一组	望奎县、兰西县、青冈县、明水县、绥棱县、安达市、肇东市、海伦市
大兴安岭地区	6 度	0.05g	第一组	加格达奇区、呼玛县、塔河县、漠河县

A.0.9　上海市

烈度	加速度	分组	县级及县级以上城镇
7 度	0.10g	第二组	黄浦区、徐汇区、长宁区、静安区、普陀区、虹口区、杨浦区、闵行区、宝山区、嘉定区、浦东新区、金山区、松江区、青浦区、奉贤区、崇明县

A.0.10　江苏省

	烈度	加速度	分组	县级及县级以上城镇
南京市	7 度	0.10g	第二组	六合区
	7 度	0.10g	第一组	玄武区、秦淮区、建邺区、鼓楼区、浦口区、栖霞区、雨花台区、江宁区、溧水区
	6 度	0.05g	第一组	高淳区

续表

	烈度	加速度	分组	县级及县级以上城镇
无锡市	7度	0.10g	第一组	崇安区、南长区、北塘区、锡山区、滨湖区、惠山区、宜兴市
	6度	0.05g	第二组	江阴市
徐州市	8度	0.20g	第二组	睢宁县、新沂市、邳州市
	7度	0.10g	第三组	鼓楼区、云龙区、贾汪区、泉山区、铜山区
	7度	0.10g	第二组	沛县
	6度	0.05g	第二组	丰县
常州市	7度	0.10g	第一组	天宁区、钟楼区、新北区、武进区、金坛区、溧阳市
苏州市	7度	0.10g	第一组	虎丘区、吴中区、相城区、姑苏区、吴江区、常熟市、昆山市、太仓市
	6度	0.05g	第二组	张家港市
南通市	7度	0.10g	第二组	崇川区、港闸区、海安县、如东县、如皋市
	6度	0.05g	第二组	通州区、启东市、海门市
连云港市	7度	0.15g	第三组	东海县
	7度	0.10g	第三组	连云区、海州区、赣榆区、灌云县
	6度	0.05g	第三组	灌南县
淮安市	7度	0.10g	第三组	清河区、淮阴区、清浦区
	7度	0.10g	第二组	盱眙县
	6度	0.05g	第三组	淮安区、涟水县、洪泽县、金湖县
盐城市	7度	0.15g	第三组	大丰区
	7度	0.10g	第三组	盐都区
	7度	0.10g	第二组	亭湖区、射阳县、东台市
	6度	0.05g	第三组	响水县、滨海县、阜宁县、建湖县

	烈度	加速度	分组	县级及县级以上城镇
扬州市	7 度	0.15g	第二组	广陵区、江都区
	7 度	0.15g	第一组	邗江区、仪征市
	7 度	0.10g	第二组	高邮市
	6 度	0.05g	第三组	宝应县
镇江市	7 度	0.15g	第一组	京口区、润州区
	7 度	0.10g	第一组	丹徒区、丹阳市、扬中市、句容市
泰州市	7 度	0.10g	第二组	海陵区、高港区、姜堰区、兴化市
	6 度	0.05g	第二组	靖江市
	6 度	0.05g	第一组	泰兴市
宿迁市	8 度	0.30g	第二组	宿城区、宿豫区
	8 度	0.20g	第二组	泗洪县
	7 度	0.15g	第三组	沭阳县
	7 度	0.10g	第三组	泗阳县

A.0.11　浙江省

	烈度	加速度	分组	县级及县级以上城镇
杭州市	7 度	0.10g	第一组	上城区、下城区、江干区、拱墅区、西湖区、余杭区
	6 度	0.05g	第一组	滨江区、萧山区、富阳区、桐庐县、淳安县、建德市、临安市
宁波市	7 度	0.10g	第一组	海曙区、江东区、江北区、北仑区、镇海区、鄞州区
	6 度	0.05g	第一组	象山县、宁海县、余姚市、慈溪市、奉化市
温州市	6 度	0.05g	第二组	洞头区、平阳县、苍南县、瑞安市
	6 度	0.05g	第一组	鹿城区、龙湾区、瓯海区、永嘉县、文成县、泰顺县、乐清市

续表

	烈度	加速度	分组	县级及县级以上城镇
嘉兴市	7度	0.10g	第一组	南湖区、秀洲区、嘉善县、海宁市、平湖市、桐乡市
	6度	0.05g	第一组	海盐县
湖州市	6度	0.05g	第一组	吴兴区、南浔区、德清县、长兴县、安吉县
绍兴市	6度	0.05g	第一组	越城区、柯桥区、上虞区、新昌县、诸暨市、嵊州市
金华市	6度	0.05g	第一组	婺城区、金东区、武义县、浦江县、磐安县、兰溪市、义乌市、东阳市、永康市
衢州市	6度	0.05g	第一组	柯城区、衢江区、常山县、开化县、龙游县、江山市
舟山市	7度	0.10g	第一组	定海区、普陀区、岱山县
	6度	0.05g	第一组	嵊泗县
台州市	6度	0.05g	第二组	玉环县
	6度	0.05g	第一组	椒江区、黄岩区、路桥区、三门县、天台县、仙居县、温岭市、临海市
丽水市	6度	0.05g	第二组	庆元县
	6度	0.05g	第一组	莲都区、青田县、缙云县、遂昌县、松阳县、云和县、景宁畲族自治县、龙泉市

A.0.12　安徽省

	烈度	加速度	分组	县级及县级以上城镇
合肥市	7度	0.10g	第一组	瑶海区、庐阳区、蜀山区、包河区、长丰县、肥东县、肥西县、庐江县、巢湖市
芜湖市	6度	0.05g	第一组	镜湖区、弋江区、鸠江区、三山区、芜湖县、繁昌县、南陵县、无为县

续表

	烈度	加速度	分组	县级及县级以上城镇
蚌埠市	7度	0.15g	第二组	五河县
	7度	0.10g	第二组	固镇县
	7度	0.10g	第一组	龙子湖区、蚌山区、禹会区、淮上区、怀远县
淮南市	7度	0.10g	第一组	大通区、田家庵区、谢家集区、八公山区、潘集区、凤台县
马鞍山市	6度	0.05g	第一组	花山区、雨山区、博望区、当涂县、含山县、和县
淮北市	6度	0.05g	第三组	杜集区、相山区、烈山区、濉溪县
铜陵市	7度	0.10g	第一组	铜官山区、狮子山区、郊区、铜陵县
安庆市	7度	0.10g	第一组	迎江区、大观区、宜秀区、枞阳县、桐城市
	6度	0.05g	第一组	怀宁县、潜山县、太湖县、宿松县、望江县、岳西县
黄山市	6度	0.05g	第一组	屯溪区、黄山区、徽州区、歙县、休宁县、黟县、祁门县
滁州市	7度	0.10g	第二组	天长市、明光市
	7度	0.10g	第一组	定远县、凤阳县
	6度	0.05g	第二组	琅琊区、南谯区、来安县、全椒县
阜阳市	7度	0.10g	第一组	颍州区、颍东区、颍泉区
	6度	0.05g	第一组	临泉县、太和县、阜南县、颍上县、界首市
宿州市	7度	0.15g	第二组	泗县
	7度	0.10g	第三组	萧县
	7度	0.10g	第二组	灵璧县
	6度	0.05g	第三组	埇桥区
	6度	0.05g	第二组	砀山县

	烈度	加速度	分组	县级及县级以上城镇
六安市	7度	0.15g	第一组	霍山县
	7度	0.10g	第一组	金安区、裕安区、寿县、舒城县
	6度	0.05g	第一组	霍邱县、金寨县
亳州市	7度	0.10g	第二组	谯城区、涡阳县
	6度	0.05g	第二组	蒙城县
	6度	0.05g	第一组	利辛县
池州市	7度	0.10g	第一组	贵池区
	6度	0.05g	第一组	东至县、石台县、青阳县
宣城市	7度	0.10g	第一组	郎溪县
	6度	0.05g	第一组	宣州区、广德县、泾县、绩溪县、旌德县、宁国市

A.0.13 福建省

	烈度	加速度	分组	县级及县级以上城镇
福州市	7度	0.10g	第三组	鼓楼区、台江区、仓山区、马尾区、晋安区、平潭县、福清市、长乐市
	6度	0.05g	第三组	连江县、永泰县
	6度	0.05g	第二组	闽侯县、罗源县、闽清县
厦门市	7度	0.15g	第三组	思明区、湖里区、集美区、翔安区
	7度	0.15g	第二组	海沧区
	7度	0.10g	第三组	同安区
莆田市	7度	0.10g	第三组	城厢区、涵江区、荔城区、秀屿区、仙游县
三明市	6度	0.05g	第一组	梅列区、三元区、明溪县、清流县、宁化县、大田县、尤溪县、沙县、将乐县、泰宁县、建宁县、永安市

续表

	烈度	加速度	分组	县级及县级以上城镇
泉州市	7度	0.15g	第三组	鲤城区、丰泽区、洛江区、石狮市 、晋江市
	7度	0.10g	第三组	泉港区、惠安县、安溪县、永春县、南安市
	6度	0.05g	第三组	德化县
漳州市	7度	0.15g	第三组	漳浦县
	7度	0.15g	第二组	芗城区、龙文区、诏安县、长泰县、东山县、南靖县、龙海市
	7度	0.10g	第三组	云霄县
	7度	0.10g	第二组	平和县、华安县
南平市	6度	0.05g	第二组	政和县
	6度	0.05g	第一组	延平区、建阳区、顺昌县、浦城县、光泽县、松溪县、邵武市、武夷山市、建瓯市
龙岩市	6度	0.05g	第二组	新罗区、永定区、漳平市
	6度	0.05g	第一组	长汀县、上杭县、武平县、连城县
宁德市	6度	0.05g	第二组	蕉城区、霞浦县、周宁县、柘荣县、福安市、福鼎市
	6度	0.05g	第一组	古田县、屏南县、寿宁县

A.0.14 江西省

	烈度	加速度	分组	县级及县级以上城镇
南昌市	6度	0.05g	第一组	东湖区、西湖区、青云谱区、湾里区、青山湖区、新建区、南昌县、安义县、进贤县
景德镇市	6度	0.05g	第一组	昌江区、珠山区、浮梁县、乐平市
萍乡市	6度	0.05g	第一组	安源区、湘东区、莲花县、上栗县、芦溪县

续表

	烈度	加速度	分组	县级及县级以上城镇
九江市	6度	0.05g	第一组	庐山区、浔阳区、九江县、武宁县、修水县、永修县、德安县、星子县、都昌县、湖口县、彭泽县、瑞昌市、共青城市
新余市	6度	0.05g	第一组	渝水区、分宜县
鹰潭市	6度	0.05g	第一组	月湖区、余江县、贵溪市
赣州市	7度	0.10g	第一组	安远县、会昌县、寻乌县、瑞金市
	6度	0.05g	第一组	章贡区、南康区、赣县、信丰县、大余县、上犹县、崇义县、龙南县、定南县、全南县、宁都县、于都县、兴国县、石城县
吉安市	6度	0.05g	第一组	吉州区、青原区、吉安县、吉水县、峡江县、新干县、永丰县、泰和县、遂川县、万安县、安福县、永新县、井冈山市
宜春市	6度	0.05g	第一组	袁州区、奉新县、万载县、上高县、宜丰县、靖安县、铜鼓县、丰城市、樟树市、高安市
抚州市	6度	0.05g	第一组	临川区、南城县、黎川县、南丰县、崇仁县、乐安县、宜黄县、金溪县、资溪县、东乡县、广昌县
上饶市	6度	0.05g	第一组	信州区、广丰区、上饶县、玉山县、铅山县、横峰县、弋阳县、余干县、鄱阳县、万年县、婺源县、德兴市

A.0.15 山东省

	烈度	加速度	分组	县级及县级以上城镇
济南市	7度	0.10g	第三组	长清区
	7度	0.10g	第二组	平阴县
	6度	0.05g	第三组	历下区、市中区、槐荫区、天桥区、历城区、济阳县、商河县、章丘市

续表

	烈度	加速度	分组	县级及县级以上城镇
青岛市	7 度	0.10g	第三组	黄岛区、平度市、胶州市、即墨市
	7 度	0.10g	第二组	市南区、市北区、崂山区、李沧区、城阳区
	6 度	0.05g	第三组	莱西市
淄博市	7 度	0.15g	第二组	临淄区
	7 度	0.10g	第三组	张店区、周村区、桓台县、高青县、沂源县
	7 度	0.10g	第二组	淄川区、博山区
枣庄市	7 度	0.15g	第三组	山亭区
	7 度	0.15g	第二组	台儿庄区
	7 度	0.10g	第三组	市中区、薛城区、峄城区
	7 度	0.10g	第二组	滕州市
东营市	7 度	0.10g	第三组	东营区、河口区、垦利县、广饶县
	6 度	0.05g	第三组	利津县
烟台市	7 度	0.15g	第三组	龙口市
	7 度	0.15g	第二组	长岛县、蓬莱市
	7 度	0.10g	第三组	莱州市、招远市、栖霞市
	7 度	0.10g	第二组	芝罘区、福山区、莱山区
	7 度	0.10g	第一组	牟平区
	6 度	0.05g	第三组	莱阳市、海阳市
潍坊市	8 度	0.20g	第二组	潍城区、坊子区、奎文区、安丘市
	7 度	0.15g	第三组	诸城市
	7 度	0.15g	第二组	寒亭区、临朐县、昌乐县、青州市、寿光市、昌邑市
	7 度	0.10g	第三组	高密市

续表

	烈度	加速度	分组	县级及县级以上城镇
济宁市	7度	0.10g	第三组	微山县、梁山县
	7度	0.10g	第二组	兖州区、汶上县、泗水县、曲阜市、邹城市
	6度	0.05g	第三组	任城区、金乡县、嘉祥县
	6度	0.05g	第二组	鱼台县
泰安市	7度	0.10g	第三组	新泰市、肥城市
	7度	0.10g	第二组	泰山区、岱岳区、宁阳县
	6度	0.05g	第三组	东平县
威海市	7度	0.10g	第一组	环翠区、文登区、荣成市
	6度	0.05g	第二组	乳山市
日照市	8度	0.20g	第二组	莒县
	7度	0.15g	第三组	五莲县
	7度	0.10g	第三组	东港区、岚山区
莱芜市	7度	0.10g	第三组	钢城区
	7度	0.10g	第二组	莱城区
临沂市	8度	0.20g	第二组	兰山区、罗庄区、河东区、郯城县、沂水县、莒南县、临沭县
	7度	0.15g	第二组	沂南县、兰陵县、费县
	7度	0.10g	第三组	平邑县、蒙阴县
德州市	7度	0.15g	第二组	平原县、禹城市
	7度	0.10g	第三组	临邑县、齐河县
	7度	0.10g	第二组	德城区、陵城区、夏津县
	6度	0.05g	第三组	宁津县、庆云县、武城县、乐陵市
聊城市	8度	0.20g	第二组	阳谷县、莘县
	7度	0.15g	第二组	东昌府区、茌平县、高唐县
	7度	0.10g	第三组	冠县、临清市
	7度	0.10g	第二组	东阿县

续表

	烈度	加速度	分组	县级及县级以上城镇
滨州市	7度	0.10g	第三组	滨城区、博兴县、邹平县
	6度	0.05g	第三组	沾化区、惠民县、阳信县、无棣县
菏泽市	8度	0.20g	第二组	鄄城县、东明县
	7度	0.15g	第二组	牡丹区、郓城县、定陶县
	7度	0.10g	第三组	巨野县
	7度	0.10g	第二组	曹县、单县、成武县

A.0.16　河南省

	烈度	加速度	分组	县级及县级以上城镇
郑州市	7度	0.15g	第二组	中原区、二七区、管城回族区、金水区、惠济区
	7度	0.10g	第二组	上街区、中牟县、巩义市、荥阳市、新密市、新郑市、登封市
开封市	7度	0.15g	第二组	兰考县
	7度	0.10g	第二组	龙亭区、顺河回族区、鼓楼区、禹王台区、祥符区、通许县、尉氏县
	6度	0.05g	第二组	杞县
洛阳市	7度	0.10g	第二组	老城区、西工区、瀍河回族区、涧西区、吉利区、洛龙区、孟津县、新安县、宜阳县、偃师市
	6度	0.05g	第三组	洛宁县
	6度	0.05g	第二组	嵩县、伊川县
	6度	0.05g	第一组	栾川县、汝阳县
平顶山市	6度	0.05g	第一组	新华区、卫东区、石龙区、湛河区[1]、宝丰县、叶县、鲁山县、舞钢市
	6度	0.05g	第二组	郏县、汝州市

续表

	烈度	加速度	分组	县级及县级以上城镇
安阳市	8度	0.20g	第二组	文峰区、殷都区、龙安区、北关区、安阳县[2]、汤阴县
	7度	0.15g	第二组	滑县、内黄县
	7度	0.10g	第二组	林州市
鹤壁市	8度	0.20g	第二组	山城区、淇滨区、淇县
	7度	0.15g	第二组	鹤山区、浚县
新乡市	8度	0.20g	第二组	红旗区、卫滨区、凤泉区、牧野区、新乡县、获嘉县、原阳县、延津县、卫辉市、辉县市
	7度	0.15g	第二组	封丘县、长垣县
焦作市	7度	0.15g	第二组	修武县、武陟县
	7度	0.10g	第二组	解放区、中站区、马村区、山阳区、博爱县、温县、沁阳市、孟州市
濮阳市	8度	0.20g	第二组	范县
	7度	0.15g	第二组	华龙区、清丰县、南乐县、台前县、濮阳县
许昌市	7度	0.10g	第一组	魏都区、许昌县、鄢陵县、禹州市、长葛市
	6度	0.05g	第二组	襄城县
漯河市	7度	0.10g	第一组	舞阳县
	6度	0.05g	第一组	召陵区、源汇区、郾城区、临颍县
三门峡市	7度	0.15g	第二组	湖滨区、陕州区、灵宝市
	6度	0.05g	第三组	渑池县、卢氏县
	6度	0.05g	第二组	义马市
南阳市	7度	0.10g	第一组	宛城区、卧龙区、西峡县、镇平县、内乡县、唐河县
	6度	0.05g	第一组	南召县、方城县、淅川县、社旗县、新野县、桐柏县、邓州市

续表

	烈度	加速度	分组	县级及县级以上城镇
	7度	0.10g	第二组	梁园区、睢阳区、民权县、虞城县
商丘市	6度	0.05g	第三组	睢县、永城市
	6度	0.05g	第二组	宁陵县、柘城县、夏邑县
	7度	0.10g	第一组	罗山县、潢川县、息县
信阳市	6度	0.05g	第一组	浉河区、平桥区、光山县、新县、商城县、固始县、淮滨县
	7度	0.10g	第一组	扶沟县、太康县
周口市	6度	0.05g	第一组	川汇区、西华县、商水县、沈丘县、郸城县、淮阳县、鹿邑县、项城市
	7度	0.10g	第一组	西平县
驻马店市	6度	0.05g	第一组	驿城区、上蔡县、平舆县、正阳县、确山县、泌阳县、汝南县、遂平县、新蔡县
省直辖县级行政单位	7度	0.10g	第二组	济源市

注:1 湛河区政府驻平顶山市新华区曙光街街道;
　　2 安阳县政府驻安阳市北关区灯塔路街道。

A.0.17　湖北省

	烈度	加速度	分组	县级及县级以上城镇
	7度	0.10g	第一组	新洲区
武汉市	6度	0.05g	第一组	江岸区、江汉区、硚口区、汉阳区、武昌区、青山区、洪山区、东西湖区、汉南区、蔡甸区、江夏区、黄陂区
黄石市	6度	0.05g	第一组	黄石港区、西塞山区、下陆区、铁山区、阳新县、大冶市
	7度	0.15g	第一组	竹山县、竹溪县
十堰市	7度	0.10g	第一组	郧阳区、房县
	6度	0.05g	第一组	茅箭区、张湾区、郧西县、丹江口市

	烈度	加速度	分组	县级及县级以上城镇
宜昌市	6度	0.05g	第一组	西陵区、伍家岗区、点军区、猇亭区、夷陵区、远安县、兴山县、秭归县、长阳土家族自治县、五峰土家族自治县、宜都市、当阳市、枝江市
襄阳市	6度	0.05g	第一组	襄城区、樊城区、襄州区、南漳县、谷城县、保康县、老河口市、枣阳市、宜城市
鄂州市	6度	0.05g	第一组	梁子湖区、华容区、鄂城区
荆门市	6度	0.05g	第一组	东宝区、掇刀区、京山县、沙洋县、钟祥市
孝感市	6度	0.05g	第一组	孝南区、孝昌县、大悟县、云梦县、应城市、安陆市、汉川市
荆州市	6度	0.05g	第一组	沙市区、荆州区、公安县、监利县、江陵县、石首市、洪湖市、松滋市
黄冈市	7度	0.10g	第一组	团风县、罗田县、英山县、麻城市
	6度	0.05g	第一组	黄州区、红安县、浠水县、蕲春县、黄梅县、武穴市
咸宁市	6度	0.05g	第一组	咸安区、嘉鱼县、通城县、崇阳县、通山县、赤壁市
随州市	6度	0.05g	第一组	曾都区、随县、广水市
恩施土家族苗族自治州	6度	0.05g	第一组	恩施市、利川市、建始县、巴东县、宣恩县、咸丰县、来凤县、鹤峰县
省直辖县级行政单位	6度	0.05g	第一组	仙桃市、潜江市、天门市、神农架林区

A.0.18 湖南省

	烈度	加速度	分组	县级及县级以上城镇
长沙市	6 度	0.05g	第一组	芙蓉区、天心区、岳麓区、开福区、雨花区、望城区、长沙县、宁乡县、浏阳市
株洲市	6 度	0.05g	第一组	荷塘区、芦淞区、石峰区、天元区、株洲县、攸县、茶陵县、炎陵县、醴陵市
湘潭市	6 度	0.05g	第一组	雨湖区、岳塘区、湘潭县、湘乡市、韶山市
衡阳市	6 度	0.05g	第一组	珠晖区、雁峰区、石鼓区、蒸湘区、南岳区、衡阳县、衡南县、衡山县、衡东县、祁东县、耒阳市、常宁市
邵阳市	6 度	0.05g	第一组	双清区、大祥区、北塔区、邵东县、新邵县、邵阳县、隆回县、洞口县、绥宁县、新宁县、城步苗族自治、武冈市
岳阳市	7 度	0.10g	第二组	湘阴县、汨罗市
	7 度	0.10g	第一组	岳阳楼区、岳阳县
	6 度	0.05g	第一组	云溪区、君山区、华容县、平江县、临湘市
常德市	7 度	0.15g	第一组	武陵区、鼎城区
	7 度	0.10g	第一组	安乡县、汉寿县、澧县、临澧县、桃源县、津市市
	6 度	0.05g	第一组	石门县
张家界市	6 度	0.05g	第一组	永定区、武陵源区、慈利县、桑植县
益阳市	6 度	0.05g	第一组	资阳区、赫山区、南县、桃江县、安化县、沅江市
郴州市	6 度	0.05g	第一组	北湖区、苏仙区、桂阳县、宜章县、永兴县、嘉禾县、临武县、汝城县、桂东县、安仁县、资兴市
永州市	6 度	0.05g	第一组	零陵区、冷水滩区、祁阳县、东安县、双牌县、道县、江永县、宁远县、蓝山县、新田县、江华瑶族自治县

续表

	烈度	加速度	分组	县级及县级以上城镇
怀化市	6度	0.05g	第一组	鹤城区、中方县、沅陵县、辰溪县、溆浦县、会同县、麻阳苗族自治县、新晃侗族自治县、芷江侗族自治县、靖州苗族侗族自治县、通道侗族自治县、洪江市
娄底市	6度	0.05g	第一组	娄星区、双峰县、新化县、冷水江市、涟源市
湘西土家族苗族自治州	6度	0.05g	第一组	吉首市、泸溪县、凤凰县、花垣县、保靖县、古丈县、永顺县、龙山县

A.0.19　广东省

	烈度	加速度	分组	县级及县级以上城镇
广州市	7度	0.10g	第一组	荔湾区、越秀区、海珠区、天河区、白云区、黄埔区、番禺区、南沙区
	6度	0.05g	第一组	花都区、增城区、从化区
韶关市	6度	0.05g	第一组	武江区、浈江区、曲江区、始兴县、仁化县、翁源县、乳源瑶族自治县、新丰县、乐昌市、南雄市
深圳市	7度	0.10g	第一组	罗湖区、福田区、南山区、宝安区、龙岗区、盐田区
珠海市	7度	0.10g	第二组	香洲区、金湾区
	7度	0.10g	第一组	斗门区
汕头市	8度	0.20g	第二组	龙湖区、金平区、濠江区、潮阳区、澄海区、南澳县
	7度	0.15g	第二组	潮南区
佛山市	7度	0.10g	第一组	禅城区、南海区、顺德区、三水区、高明区
江门市	7度	0.10g	第一组	蓬江区、江海区、新会区、鹤山市
	6度	0.05g	第一组	台山市、开平市、恩平市

续表

	烈度	加速度	分组	县级及县级以上城镇
湛江市	8度	0.20g	第二组	徐闻县
	7度	0.10g	第一组	赤坎区、霞山区、坡头区、麻章区、遂溪县、廉江市、雷州市、吴川市
茂名市	7度	0.10g	第一组	茂南区、电白区、化州市
	6度	0.05g	第一组	高州市、信宜市
肇庆市	7度	0.10g	第一组	端州区、鼎湖区、高要区
	6度	0.05g	第一组	广宁县、怀集县、封开县、德庆县、四会市
惠州市	6度	0.05g	第一组	惠城区、惠阳区、博罗县、惠东县、龙门县
梅州市	7度	0.10g	第二组	大埔县
	7度	0.10g	第一组	梅江区、梅县区、丰顺县
	6度	0.05g	第一组	五华县、平远县、蕉岭县、兴宁市
汕尾市	7度	0.10g	第一组	城区、海丰县、陆丰市
	6度	0.05g	第一组	陆河县
河源市	7度	0.10g	第一组	源城区、东源县
	6度	0.05g	第一组	紫金县、龙川县、连平县、和平县
阳江市	7度	0.15g	第一组	江城区
	7度	0.10g	第一组	阳东区、阳西县
	6度	0.05g	第一组	阳春市
清远市	6度	0.05g	第一组	清城区、清新区、佛冈县、阳山县、连山壮族瑶族自治县、连南瑶族自治县、英德市、连州市
东莞市	7度	0.10g	第一组	东莞市
中山市	6度	0.05g	第一组	中山市
潮州市	8度	0.20g	第二组	湘桥区、潮安区
	7度	0.15g	第二组	饶平县

续表

	烈度	加速度	分组	县级及县级以上城镇
揭阳市	7度	0.15g	第二组	榕城区、揭东区
	7度	0.10g	第二组	惠来县、普宁市
	6度	0.05g	第一组	揭西县
云浮市	6度	0.05g	第一组	云城区、云安区、新兴县、郁南县、罗定市

A.0.20 广西壮族自治区

	烈度	加速度	分组	县级及县级以上城镇
南宁市	7度	0.15g	第一组	隆安县
	7度	0.10g	第一组	兴宁区、青秀区、江南区、西乡塘区、良庆区、邕宁区、横县
	6度	0.05g	第一组	武鸣区、马山县、上林县、宾阳县
柳州市	6度	0.05g	第一组	城中区、鱼峰区、柳南区、柳北区、柳江县、柳城县、鹿寨县、融安县、融水苗族自治县、三江侗族自治县
桂林市	6度	0.05g	第一组	秀峰区、叠彩区、象山区、七星区、雁山区、临桂区、阳朔县、灵川县、全州县、兴安县、永福县、灌阳县、龙胜各族自治县、资源县、平乐县、荔浦县、恭城瑶族自治县
梧州市	6度	0.05g	第一组	万秀区、长洲区、龙圩区、苍梧县、藤县、蒙山县、岑溪市
北海市	7度	0.10g	第一组	合浦县
	6度	0.05g	第一组	海城区、银海区、铁山港区
防城港市	6度	0.05g	第一组	港口区、防城区、上思县、东兴市
钦州市	7度	0.15g	第一组	灵山县
	7度	0.10g	第一组	钦南区、钦北区、浦北县
贵港市	6度	0.05g	第一组	港北区、港南区、覃塘区、平南县、桂平市

续表

	烈度	加速度	分组	县级及县级以上城镇
玉林市	7 度	0.10g	第一组	玉州区、福绵区、陆川县、博白县、兴业县、北流市
	6 度	0.05g	第一组	容县
百色市	7 度	0.15g	第一组	田东县、平果县、乐业县
	7 度	0.10g	第一组	右江区、田阳县、田林县
	6 度	0.05g	第二组	西林县、隆林各族自治县
	6 度	0.05g	第一组	德保县、那坡县、凌云县
贺州市	6 度	0.05g	第一组	八步区、昭平县、钟山县、富川瑶族自治县
河池市	6 度	0.05g	第一组	金城江区、南丹县、天峨县、凤山县、东兰县、罗城仫佬族自治县、环江毛南族自治县、巴马瑶族自治县、都安瑶族自治县、大化瑶族自治县、宜州市
来宾市	6 度	0.05g	第一组	兴宾区、忻城县、象州县、武宣县、金秀瑶族自治县、合山市
崇左市	7 度	0.10g	第一组	扶绥县
	6 度	0.05g	第一组	江州区、宁明县、龙州县、大新县、天等县、凭祥市
自治区直辖县级行政单位	6 度	0.05g	第一组	靖西市

A.0.21　海南省

	烈度	加速度	分组	县级及县级以上城镇
海口市	8 度	0.30g	第二组	秀英区、龙华区、琼山区、美兰区
三亚市	6 度	0.05g	第一组	海棠区、吉阳区、天涯区、崖州区
三沙市	7 度	0.10g	第一组	三沙市[1]
儋州市	7 度	0.10g	第二组	儋州市

	烈度	加速度	分组	县级及县级以上城镇
省直辖 县级行政 单位	8度	0.20g	第二组	文昌市、定安县
	7度	0.15g	第二组	澄迈县
	7度	0.15g	第一组	临高县
	7度	0.10g	第二组	琼海市、屯昌县
	6度	0.05g	第二组	白沙黎族自治县、琼中黎族苗族自治县
	6度	0.05g	第一组	五指山市、万宁市、东方市、昌江黎族自治县、乐东黎族自治县、陵水黎族自治县、保亭黎族苗族自治县

注：1 三沙市政府驻地西沙永兴岛。

A.0.22　重庆市

烈度	加速度	分组	县级及县级以上城镇
7度	0.10g	第一组	黔江区、荣昌区
6度	0.05g	第一组	万州区、涪陵区、渝中区、大渡口区、江北区、沙坪坝区、九龙坡区、南岸区、北碚区、綦江区、大足区、渝北区、巴南区、长寿区、江津区、合川区、永川区、南川区、铜梁区、璧山区、潼南区、梁平县、城口县、丰都县、垫江县、武隆县、忠县、开县、云阳县、奉节县、巫山县、巫溪县、石柱土家族自治县、秀山土家族苗族自治县、酉阳土家族苗族自治县、彭水苗族土家族自治县

A.0.23　四川省

	烈度	加速度	分组	县级及县级以上城镇
成都市	8度	0.20g	第二组	都江堰市
	7度	0.15g	第二组	彭州市
	7度	0.10g	第三组	锦江区、青羊区、金牛区、武侯区、成华区、龙泉驿区、青白江区、新都区、温江区、金堂县、双流县、郫县、大邑县、蒲江县、新津县、邛崃市、崇州市

续表

	烈度	加速度	分组	县级及县级以上城镇
自贡市	7 度	0.10g	第二组	富顺县
	7 度	0.10g	第一组	自流井区、贡井区、大安区、沿滩区
	6 度	0.05g	第三组	荣县
攀枝花市	7 度	0.15g	第三组	东区、西区、仁和区、米易县、盐边县
泸州市	6 度	0.05g	第二组	泸县
	6 度	0.05g	第一组	江阳区、纳溪区、龙马潭区、合江县、叙永县、古蔺县
德阳市	7 度	0.15g	第二组	什邡市、绵竹市
	7 度	0.10g	第三组	广汉市
	7 度	0.10g	第二组	旌阳区、中江县、罗江县
绵阳市	8 度	0.20g	第二组	平武县
	7 度	0.15g	第二组	北川羌族自治县（新）、江油市
	7 度	0.10g	第二组	涪城区、游仙区、安县
	6 度	0.05g	第二组	三台县、盐亭县、梓潼县
广元市	7 度	0.15g	第二组	朝天区、青川县
	7 度	0.10g	第二组	利州区、昭化区、剑阁县
	6 度	0.05g	第二组	旺苍县、苍溪县
遂宁市	6 度	0.05g	第一组	船山区、安居区、蓬溪县、射洪县、大英县
内江市	7 度	0.10g	第一组	隆昌县
	6 度	0.05g	第二组	威远县
	6 度	0.05g	第一组	市中区、东兴区、资中县
乐山市	7 度	0.15g	第三组	金口河区
	7 度	0.15g	第二组	沙湾区、沐川县、峨边彝族自治县、马边彝族自治县
	7 度	0.10g	第三组	五通桥区、犍为县、夹江县
	7 度	0.10g	第二组	市中区、峨眉山市
	6 度	0.05g	第三组	井研县

	烈度	加速度	分组	县级及县级以上城镇
南充市	6度	0.05g	第二组	阆中市
	6度	0.05g	第一组	顺庆区、高坪区、嘉陵区、南部县、营山县、蓬安县、仪陇县、西充县
眉山市	7度	0.10g	第三组	东坡区、彭山区、洪雅县、丹棱县、青神县
	6度	0.05g	第二组	仁寿县
宜宾市	7度	0.10g	第三组	高县
	7度	0.10g	第二组	翠屏区、宜宾县、屏山县
	6度	0.05g	第三组	珙县、筠连县
	6度	0.05g	第二组	南溪区、江安县、长宁县
	6度	0.05g	第一组	兴文县
广安市	6度	0.05g	第一组	广安区、前锋区、岳池县、武胜县、邻水县、华蓥市
达州市	6度	0.05g	第一组	通川区、达川区、宣汉县、开江县、大竹县、渠县、万源市
雅安市	8度	0.20g	第三组	石棉县
	8度	0.20g	第一组	宝兴县
	7度	0.15g	第三组	荥经县、汉源县
	7度	0.15g	第二组	天全县、芦山县
	7度	0.10g	第三组	名山区
	7度	0.10g	第二组	雨城区
巴中市	6度	0.05g	第一组	巴州区、恩阳区、通江县、平昌县
	6度	0.05g	第二组	南江县
资阳市	6度	0.05g	第一组	雁江区、安岳县、乐至县
	6度	0.05g	第二组	简阳市
阿坝藏族羌族自治州	8度	0.20g	第三组	九寨沟县
	8度	0.20g	第二组	松潘县

续表

	烈度	加速度	分组	县级及县级以上城镇
阿坝藏族羌族自治州	8 度	0.20g	第一组	汶川县、茂县
	7 度	0.15g	第二组	理县、阿坝县
	7 度	0.10g	第三组	金川县、小金县、黑水县、壤塘县、若尔盖县、红原县
	7 度	0.10g	第二组	马尔康县
甘孜藏族自治州	9 度	0.40g	第二组	康定市
	8 度	0.30g	第二组	道孚县、炉霍县
	8 度	0.20g	第三组	理塘县、甘孜县
	8 度	0.20g	第二组	泸定县、德格县、白玉县、巴塘县、得荣县
	7 度	0.15g	第三组	九龙县、雅江县、新龙县
	7 度	0.15g	第二组	丹巴县
	7 度	0.10g	第三组	石渠县、色达县、稻城县
	7 度	0.10g	第二组	乡城县
凉山彝族自治州	9 度	0.40g	第三组	西昌市
	8 度	0.30g	第三组	宁南县、普格县、冕宁县
	8 度	0.20g	第三组	盐源县、德昌县、布拖县、昭觉县、喜德县、越西县、雷波县
	7 度	0.15g	第三组	木里藏族自治县、会东县、金阳县、甘洛县、美姑县
	7 度	0.10g	第三组	会理县

A.0.24 贵州省

	烈度	加速度	分组	县级及县级以上城镇
贵阳市	6 度	0.05g	第一组	南明区、云岩区、花溪区、乌当区、白云区、观山湖区、开阳县、息烽县、修文县、清镇市

续表

	烈度	加速度	分组	县级及县级以上城镇
六盘水市	7度	0.10g	第二组	钟山区
	6度	0.05g	第三组	盘县
	6度	0.05g	第二组	水城县
	6度	0.05g	第一组	六枝特区
遵义市	6度	0.05g	第一组	红花岗区、汇川区、遵义县、桐梓县、绥阳县、正安县、道真仡佬族苗族自治县、务川仡佬族苗族自治县凤、冈县、湄潭县、余庆县、习水县、赤水市、仁怀市
安顺市	6度	0.05g	第一组	西秀区、平坝区、普定县、镇宁布依族苗族自治县、关岭布依族苗族自治县、紫云苗族布依族自治县
铜仁市	6度	0.05g	第一组	碧江区、万山区、江口县、玉屏侗族自治县、石阡县、思南县、印江土家族苗族自治县、德江县、沿河土家族自治县、松桃苗族自治县
黔西南布依族苗族自治州	7度	0.15g	第一组	望谟县
	7度	0.10g	第二组	普安县、晴隆县
	6度	0.05g	第三组	兴义市
	6度	0.05g	第二组	兴仁县、贞丰县、册亨县、安龙县
毕节市	7度	0.10g	第三组	威宁彝族回族苗族自治县
	6度	0.05g	第三组	赫章县
	6度	0.05g	第二组	七星关区、大方县、纳雍县
	6度	0.05g	第一组	金沙县、黔西县、织金县
黔东南苗族侗族自治州	6度	0.05g	第一组	凯里市、黄平县、施秉县、三穗县、镇远县、岑巩县、天柱县、锦屏县、剑河县、台江县、黎平县、榕江县、从江县、雷山县、麻江县、丹寨县

续表

	烈度	加速度	分组	县级及县级以上城镇
黔南布依族苗族自治州	7度	0.10g	第一组	福泉市、贵定县、龙里县
	6度	0.05g	第一组	都匀市、荔波县、瓮安县、独山县、平塘县、罗甸县、长顺县、惠水县、三都水族自治县

A.0.25 云南省

	烈度	加速度	分组	县级及县级以上城镇
昆明市	9度	0.40g	第三组	东川区、寻甸回族彝族自治县
	8度	0.30g	第三组	宜良县、嵩明县
	8度	0.20g	第三组	五华区、盘龙区、官渡区、西山区、呈贡区、晋宁县、石林彝族自治县、安宁市
	7度	0.15g	第三组	富民县、禄劝彝族苗族自治县
曲靖市	8度	0.20g	第三组	马龙县、会泽县
	7度	0.15g	第三组	麒麟区、陆良县、沾益县
	7度	0.10g	第三组	师宗县、富源县、罗平县、宣威市
玉溪市	8度	0.30g	第三组	江川县、澄江县、通海县、华宁县、峨山彝族自治县
	8度	0.20g	第三组	红塔区、易门县
	7度	0.15g	第三组	新平彝族傣族自治县、元江哈尼族彝族傣自治县
保山市	8度	0.30g	第三组	龙陵县
	8度	0.20g	第三组	隆阳区、施甸县
	7度	0.15g	第三组	昌宁县
昭通市	8度	0.20g	第三组	巧家县、永善县
	7度	0.15g	第三组	大关县、彝良县、鲁甸县
	7度	0.15g	第二组	绥江县
	7度	0.10g	第三组	昭阳区、盐津县

	烈度	加速度	分组	县级及县级以上城镇
昭通市	7度	0.10g	第二组	水富县
	6度	0.05g	第二组	镇雄县、威信县
丽江市	8度	0.30g	第三组	古城区、玉龙纳西族自治县、永胜县
	8度	0.20g	第三组	宁蒗彝族自治县
	7度	0.15g	第三组	华坪县
普洱市	9度	0.40g	第三组	澜沧拉祜族自治县
	8度	0.30g	第三组	孟连傣族拉祜族佤族自治县、西盟佤族自治县
	8度	0.20g	第三组	思茅区、宁洱哈尼族彝族自县
	7度	0.15g	第三组	景东彝族自治县、景谷傣族彝族自治县
	7度	0.10g	第三组	墨江哈尼族自治县、镇沅彝族哈尼族拉祜族自治县、江城哈尼族彝族自治县
临沧市	8度	0.30g	第三组	双江拉祜族佤族布朗族傣族自治县、耿马傣族佤族自治县、沧源佤族自治县
	8度	0.20g	第三组	临翔区、凤庆县、云县、永德县、镇康县
楚雄彝族自治州	8度	0.20g	第三组	楚雄市、南华县
	7度	0.15g	第三组	双柏县、牟定县、姚安县、大姚县、元谋县、武定县、禄丰县
	7度	0.10g	第三组	永仁县
红河哈尼族彝族自治州	8度	0.30g	第三组	建水县、石屏县
	7度	0.15g	第三组	个旧市、开远市、弥勒市、元阳县、红河县
	7度	0.10g	第三组	蒙自市、泸西县、金平苗族瑶族傣族自治县、绿春县
	7度	0.10g	第一组	河口瑶族自治县
	6度	0.05g	第三组	屏边苗族自治县

续表

	烈度	加速度	分组	县级及县级以上城镇
文山壮族苗族自治州	7 度	0.10g	第三组	文山市
	6 度	0.05g	第三组	砚山县、丘北县
	6 度	0.05g	第二组	广南县
	6 度	0.05g	第一组	西畴县、麻栗坡县、马关县、富宁县
西双版纳傣族自治州	8 度	0.30g	第三组	勐海县
	8 度	0.20g	第三组	景洪市
	7 度	0.15g	第三组	勐腊县
大理白族自治州	8 度	0.30g	第三组	洱源县、剑川县、鹤庆县
	8 度	0.20g	第三组	大理市、漾濞彝族自治县、祥云县、宾川县、弥渡县、南涧彝族自治县、巍山彝族回族自治县
	7 度	0.15g	第三组	永平县、云龙县
德宏傣族景颇族自治州	8 度	0.30g	第三组	瑞丽市、芒市
	8 度	0.20g	第三组	梁河县、盈江县、陇川县
怒江傈僳族自治州	8 度	0.20g	第三组	泸水县
	8 度	0.20g	第二组	福贡县、贡山独龙族怒族自治县
	7 度	0.15g	第三组	兰坪白族普米族自治县
迪庆藏族自治州	8 度	0.20g	第二组	香格里拉市、德钦县、维西傈僳族自治县
省直辖县级行政单位	8 度	0.20g	第三组	腾冲市

A.0.26　西藏自治区

	烈度	加速度	分组	县级及县级以上城镇
拉萨市	9 度	0.40g	第三组	当雄县
	8 度	0.20g	第三组	城关区、林周县、尼木县、堆龙德庆县
	7 度	0.15g	第三组	曲水县、达孜县、墨竹工卡县

	烈度	加速度	分组	县级及县级以上城镇
昌都市	8度	0.20g	第三组	卡若区、边坝县、洛隆县
	7度	0.15g	第三组	类乌齐县、丁青县、察雅县、八宿县、左贡县
	7度	0.15g	第二组	江达县、芒康县
	7度	0.10g	第三组	贡觉县
山南地区	8度	0.30g	第三组	错那县
	8度	0.20g	第三组	桑日县、曲松县、隆子县
	7度	0.15g	第三组	乃东县、扎囊县、贡嘎县、琼结县、措美县、洛扎县、加查县、浪卡子县
日喀则市	8度	0.20g	第三组	仁布县、康马县、聂拉木县
	8度	0.20g	第二组	拉孜县、定结县、亚东县
	7度	0.15g	第三组	桑珠孜区（原日喀则市）、南木林县、江孜县、定日县、萨迦县、白朗县、吉隆县、萨嘎县、岗巴县
	7度	0.15g	第二组	昂仁县、谢通门县、仲巴县
那曲地区	8度	0.30g	第三组	申扎县
	8度	0.20g	第三组	那曲县、安多县、尼玛县
	8度	0.20g	第二组	嘉黎县
	7度	0.15g	第三组	聂荣县、班戈县
	7度	0.15g	第二组	索县、巴青县、双湖县
	7度	0.10g	第三组	比如县
阿里地区	8度	0.20g	第三组	普兰县
	7度	0.15g	第三组	噶尔县、日土县
	7度	0.15g	第二组	札达县、改则县
	7度	0.10g	第三组	革吉县
	7度	0.10g	第二组	措勤县

续表

	烈度	加速度	分组	县级及县级以上城镇
	9 度	0.40g	第三组	墨脱县
	8 度	0.30g	第三组	米林县、波密县
林芝市	8 度	0.20g	第三组	巴宜区（原林芝县）
	7 度	0.15g	第三组	察隅县、朗县
	7 度	0.10g	第三组	工布江达县

A.0.27 陕西省

	烈度	加速度	分组	县级及县级以上城镇
西安市	8 度	0.20g	第二组	新城区、碑林区、莲湖区、灞桥区、未央区、雁塔区、阎良区、临潼区、长安区、高陵区、蓝田县、周至县、户县
铜川市	7 度	0.10g	第三组	王益区、印台区、耀州区
	6 度	0.05g	第三组	宜君县
宝鸡市	8 度	0.20g	第三组	凤翔县、岐山县、陇县、千阳县
	8 度	0.20g	第二组	渭滨区、金台区、陈仓区、扶风县、眉县
	7 度	0.15g	第三组	凤县
	7 度	0.10g	第三组	麟游县、太白县
咸阳市	8 度	0.20g	第二组	秦都区、杨陵区、渭城区、泾阳县、武功县、兴平市
	7 度	0.15g	第三组	乾县
	7 度	0.15g	第二组	三原县、礼泉县
	7 度	0.10g	第三组	永寿县、淳化县
	6 度	0.05g	第三组	彬县、长武县、旬邑县
渭南市	8 度	0.30g	第二组	华县
	8 度	0.20g	第二组	临渭区、潼关县、大荔县、华阴市
	7 度	0.15g	第三组	澄城县、富平县
	7 度	0.15g	第二组	合阳县、蒲城县、韩城市
	7 度	0.10g	第三组	白水县

续表

	烈度	加速度	分组	县级及县级以上城镇
延安市	6 度	0.05g	第三组	吴起县、富县、洛川县、宜川县、黄龙县、黄陵县
	6 度	0.05g	第二组	延长县、延川县
	6 度	0.05g	第一组	宝塔区、子长县、安塞县、志丹县、甘泉县
汉中市	7 度	0.15g	第二组	略阳县
	7 度	0.10g	第三组	留坝县
	7 度	0.10g	第二组	汉台区、南郑县、勉县、宁强县
	6 度	0.05g	第三组	城固县、洋县、西乡县、佛坪县
	6 度	0.05g	第一组	镇巴县
榆林市	6 度	0.05g	第三组	府谷县、定边县、吴堡县
	6 度	0.05g	第一组	榆阳区、神木县、横山县、靖边县、绥德县、米脂县、佳县、清涧县、子洲县
安康市	7 度	0.10g	第一组	汉滨区、平利县
	6 度	0.05g	第三组	汉阴县、石泉县、宁陕县
	6 度	0.05g	第二组	紫阳县、岚皋县、旬阳县、白河县
	6 度	0.05g	第一组	镇坪县
商洛市	7 度	0.15g	第二组	洛南县
	7 度	0.10g	第三组	商州区、柞水县
	7 度	0.10g	第一组	商南县
	6 度	0.05g	第三组	丹凤县、山阳县、镇安县

A.0.28　甘肃省

	烈度	加速度	分组	县级及县级以上城镇
兰州市	8 度	0.20g	第三组	城关区、七里河区、西固区、安宁区、永登县
	7 度	0.15g	第三组	红古区、皋兰县、榆中县
嘉峪关市	8 度	0.20g	第二组	嘉峪关市

续表

	烈度	加速度	分组	县级及县级以上城镇
金昌市	7 度	0.15g	第三组	金川区、永昌县
白银市	8 度	0.30g	第三组	平川区
	8 度	0.20g	第三组	靖远县、会宁县、景泰县
	7 度	0.15g	第三组	白银区
天水市	8 度	0.30g	第二组	秦州区、麦积区
	8 度	0.20g	第三组	清水县、秦安县、武山县、张家川回族自治县
	8 度	0.20g	第二组	甘谷县
武威市	8 度	0.30g	第三组	古浪县
	8 度	0.20g	第三组	凉州区、天祝藏族自治县
	7 度	0.10g	第三组	民勤县
张掖市	8 度	0.20g	第三组	临泽县
	8 度	0.20g	第二组	肃南裕固族自治县、高台县
	7 度	0.15g	第三组	甘州区
	7 度	0.15g	第二组	民乐县、山丹县
平凉市	8 度	0.20g	第三组	华亭县、庄浪县、静宁县
	7 度	0.15g	第三组	崆峒区、崇信县
	7 度	0.10g	第三组	泾川县、灵台县
酒泉市	8 度	0.20g	第二组	肃北蒙古族自治县
	7 度	0.15g	第三组	肃州区、玉门市
	7 度	0.15g	第二组	金塔县、阿克塞哈萨克族自治县
	7 度	0.10g	第三组	瓜州县、敦煌市
庆阳市	7 度	0.10g	第三组	西峰区、环县、镇原县
	6 度	0.05g	第三组	庆城县、华池县、合水县、正宁县、宁县

	烈度	加速度	分组	县级及县级以上城镇
定西市	8度	0.20g	第三组	通渭县、陇西县、漳县
	7度	0.15g	第三组	安定区、渭源县、临洮县、岷县
陇南市	8度	0.30g	第二组	西和县、礼县
	8度	0.20g	第三组	两当县
	8度	0.20g	第二组	武都区、成县、文县、宕昌县、康县、徽县
临夏回族自治州	8度	0.20g	第三组	永靖县
	7度	0.15g	第三组	临夏市、康乐县、广河县、和政县、东乡族自治县
	7度	0.15g	第二组	临夏县
	7度	0.10g	第三组	积石山保安族东乡族撒拉族自治县
甘南藏族自治州	8度	0.20g	第三组	舟曲县
	8度	0.20g	第二组	玛曲县
	7度	0.15g	第三组	临潭县、卓尼县、迭部县
	7度	0.15g	第二组	合作市、夏河县
	7度	0.10g	第三组	碌曲县

A.0.29　青海省

	烈度	加速度	分组	县级及县级以上城镇
西宁市	7度	0.10g	第三组	城中区、城东区、城西区、城北区、大通回族土族自治县、湟中县、湟源县
海东市	7度	0.10g	第三组	乐都区、平安区、民和回族土族自治县、互助土族自治县、化隆回族自治县、循化撒拉族自治县
海北藏族自治州	8度	0.20g	第二组	祁连县
	7度	0.15g	第三组	门源回族自治县
	7度	0.15g	第二组	海晏县
	7度	0.10g	第三组	刚察县

续表

	烈度	加速度	分组	县级及县级以上城镇
黄南藏族自治州	7度	0.15g	第二组	同仁县
	7度	0.10g	第三组	尖扎县、河南蒙古族自治县
	7度	0.10g	第二组	泽库县
海南藏族自治州	7度	0.15g	第二组	贵德县
	7度	0.10g	第三组	共和县、同德县、兴海县、贵南县
果洛藏族自治州	8度	0.30g	第三组	玛沁县
	8度	0.20g	第三组	甘德县、达日县
	7度	0.15g	第三组	玛多县
	7度	0.10g	第三组	班玛县、久治县
玉树藏族自治州	8度	0.20g	第三组	曲麻莱县
	7度	0.15g	第三组	玉树市、治多县
	7度	0.10g	第三组	称多县
	7度	0.10g	第二组	杂多县、囊谦县
海西蒙古族藏族自治州	7度	0.15g	第三组	德令哈市
	7度	0.15g	第二组	乌兰县
	7度	0.10g	第三组	格尔木市、都兰县、天峻县

A.0.30 宁夏回族自治区

	烈度	加速度	分组	县级及县级以上城镇
银川市	8度	0.20g	第三组	灵武市
	8度	0.20g	第二组	兴庆区、西夏区、金凤区、永宁县、贺兰县
石嘴山市	8度	0.20g	第二组	大武口区、惠农区、平罗县
吴忠市	8度	0.20g	第三组	利通区、红寺堡区、同心县、青铜峡市
	6度	0.05g	第三组	盐池县
固原市	8度	0.20g	第三组	原州区、西吉县、隆德县、泾源县
	7度	0.15g	第三组	彭阳县
中卫市	8度	0.20g	第三组	沙坡头区、中宁县、海原县

A.0.31　新疆维吾尔自治区

	烈度	加速度	分组	县级及县级以上城镇
乌鲁木齐市	8度	0.20g	第二组	天山区、沙依巴克区、新市区、水磨沟区、头屯河区、达阪城区、米东区、乌鲁木齐县[1]
克拉玛依市	8度	0.20g	第三组	独山子区
	7度	0.10g	第三组	克拉玛依区、白碱滩区
	7度	0.10g	第一组	乌尔禾区
吐鲁番市	7度	0.15g	第二组	高昌区（原吐鲁番市）
	7度	0.10g	第二组	鄯善县、托克逊县
哈密地区	8度	0.20g	第二组	巴里坤哈萨克自治县
	7度	0.15g	第二组	伊吾县
	7度	0.10g	第二组	哈密市
昌吉回族自治州	8度	0.20g	第三组	昌吉市、玛纳斯县
	8度	0.20g	第二组	木垒哈萨克自治县
	7度	0.15g	第三组	呼图壁县
	7度	0.15g	第二组	阜康市、吉木萨尔县
	7度	0.10g	第二组	奇台县
博尔塔拉蒙古自治州	8度	0.20g	第三组	精河县
	8度	0.20g	第二组	阿拉山口市
	7度	0.15g	第三组	博乐市、温泉县
巴音郭楞蒙古自治州	8度	0.20g	第二组	库尔勒市、焉耆回族自治县、和静镇、和硕县、博湖县
	7度	0.15g	第二组	轮台县
	7度	0.10g	第三组	且末县
	7度	0.10g	第二组	尉犁县、若羌县

续表

	烈度	加速度	分组	县级及县级以上城镇
阿克苏地区	8度	0.20g	第二组	阿克苏市、温宿县、库车县、拜城县、乌什县、柯坪县
	7度	0.15g	第二组	新和县
	7度	0.10g	第三组	沙雅县、阿瓦提县、阿瓦提镇
克孜勒苏柯尔克孜自治州	9度	0.40g	第三组	乌恰县
	8度	0.30g	第三组	阿图什市
	8度	0.20g	第三组	阿克陶县
	8度	0.20g	第二组	阿合奇县
喀什地区	9度	0.40g	第三组	塔什库尔干塔吉克自治县
	8度	0.30g	第三组	喀什市、疏附县、英吉沙县
	8度	0.20g	第三组	疏勒县、岳普湖县、伽师县、巴楚县
	7度	0.15g	第三组	泽普县、叶城县
	7度	0.10g	第三组	莎车县、麦盖提县
和田地区	7度	0.15g	第二组	和田市、和田县[2]、墨玉县、洛浦县、策勒县
	7度	0.10g	第三组	皮山县
	7度	0.10g	第二组	于田县、民丰县
伊犁哈萨克自治州	8度	0.30g	第三组	昭苏县、特克斯县、尼勒克县
	8度	0.20g	第三组	伊宁市、奎屯市、霍尔果斯市、伊宁县、霍城县、巩留县、新源县
	7度	0.15g	第三组	察布查尔锡伯自治县
塔城地区	8度	0.20g	第三组	乌苏市、沙湾县
	7度	0.15g	第二组	托里县
	7度	0.15g	第一组	和布克赛尔蒙古自治县
	7度	0.10g	第二组	裕民县
	7度	0.10g	第一组	塔城市、额敏县

	烈度	加速度	分组	县级及县级以上城镇
阿勒泰地区	8度	0.20g	第三组	富蕴县、青河县
	7度	0.15g	第二组	阿勒泰市、哈巴河县
	7度	0.10g	第二组	布尔津县
	6度	0.05g	第三组	福海县、吉木乃县
自治区直辖县级行政单位	8度	0.20g	第三组	石河子市、可克达拉市
	8度	0.20g	第二组	铁门关市
	7度	0.15g	第三组	图木舒克市、五家渠市、双河市
	7度	0.10g	第二组	北屯市、阿拉尔市

注：1 乌鲁木齐县政府驻乌鲁木齐市水磨沟区南湖南路街道；
　　2 和田县政府驻和田市古江巴格街道。

A.0.32　港澳特区和台湾省

	烈度	加速度	分组	县级及县级以上城镇
香港特别行政区	7度	0.15g	第二组	香港
澳门特别行政区	7度	0.10g	第二组	澳门
台湾省	9度	0.40g	第三组	嘉义县、嘉义市、云林县、南投县、彰化县、台中市、苗栗县、花莲县
	9度	0.40g	第二组	台南县、台中县
	8度	0.30g	第三组	台北市、台北县、基隆市、桃园县、新竹县、新竹市、宜兰县、台东县、屏东县
	8度	0.20g	第三组	高雄市、高雄县、金门县
	8度	0.20g	第二组	澎湖县
	6度	0.05g	第三组	妈祖县

参考文献

[1] 中华人民共和国行业标准.建筑抗震设计规范 GB 50011-2010 （2016 年版）[S].北京：中国建筑工业出版社.2016.

[2] 中华人民共和国行业标准.镇（乡）村建筑抗震技术规程 JGJ 161-2008[S].北京：中国建筑工业出版社.2008.

[3] 中华人民共和国行业标准.砌体结构设计规范 GB 50003-2001[S].北京：中国建筑工业出版社.2002.

[4] 国家建筑标准设计图集.农村民宅抗震构造详图 SG618-1~4.北京：中国建筑工业出版社.2008.

[5] 王兰民，林学文.农村民居抗震理论与技术.兰州：甘肃科学技术出版社.2006.

[6] 戴国莹，王亚勇.房屋建筑抗震设计.北京：中国建筑工业出版社.2005.

[7] 中国工程院土木、水利与建筑工程学部，中国土木工程学会.汶川地震建筑震害调查与灾后重建分析报告.北京：中国建筑工业出版社.2008.

[8] 周铁钢.新疆砖木结构民居抗震试验研究与对策分析.世界地震工程.08.12.

[9] 周铁钢，穆钧.抗震夯土农宅建造图册.北京：中国建筑工业出版社.2009.

编 后 语

　　《农村建筑工匠培训示范教材》是在全面推进社会主义新农村建设的大背景下，受住房和城乡建设部的委托编写而成的。编写过程中，住房和城乡建设部村镇建设司在政策把握、内容设置等方面给予了全方位的指导。四川省绵阳市住建局在前期提供了当地农村工匠培训的一些经验与资料，在此一并表示诚挚的感谢。

　　我国地域辽阔，农村居住建筑种类繁杂，形态各异，不同地区建房习俗与工匠基本素质也存在较大差别，编写一本能在全国范围内应用的农村建筑工匠培训教材，任务极其艰巨。因此，内容上只能有所侧重，深度上浅了说不透，深了又恐农村工匠接受不了，这是教材编写过程中时时感到困惑的事情。

　　今天书稿终于付梓。由于经验不足，竭诚希望全国各地村镇建设技术管理人员、培训机构及农村工匠朋友们批评指正，以利后续不断完善与补充。

编写组